GAOKEKAOXING CHENGSHI PEIDIANWANG
BUTINGDIAN ZUOYE

高可靠性城市配电网
不停电作业

国网上海市电力公司市区供电公司 编

中国电力出版社
CHINA ELECTRIC POWER PRESS

内 容 提 要

本书系统地介绍了城市配电网供电可靠性管理和不停电作业基础知识，以及近年来的新技术、新设备和新工艺，如绝缘短杆作业法、二次同期并网装置等。主要包括概述、供电可靠性与不停电作业基础知识、提升供电可靠性的管理措施、提升供电可靠性的不停电作业创新技术、供电可靠性管理的发展趋势和不停电作业的发展前景共五章。附录载有《10kV 配电线路绝缘短杆桥接带电作业技术导则》（T/SMA 0043—2023）等4 个团体标准。

本书可供城市配电网供电可靠性、不停电作业管理及技术人员使用，也可为大专院校师生参考使用。

图书在版编目（CIP）数据

高可靠性城市配电网不停电作业 / 国网上海市电力
公司市区供电公司编. -- 北京：中国电力出版社，
2024. 12. -- ISBN 978-7-5198-9589-1

Ⅰ. TM727

中国国家版本馆 CIP 数据核字第 2025XJ2547 号

出版发行：中国电力出版社
地　　址：北京市东城区北京站西街 19 号（邮政编码 100005）
网　　址：http://www.cepp.sgcc.com.cn
责任编辑：吴　冰（010-63412356）
责任校对：黄　蓓　李　楠
装帧设计：郝晓燕
责任印制：石　雷

印　　刷：三河市航远印刷有限公司
版　　次：2024 年 12 月第一版
印　　次：2024 年 12 月北京第一次印刷
开　　本：710 毫米×1000 毫米　16 开本
印　　张：15
字　　数：228 千字
印　　数：0001—1500 册
定　　价：90.00 元

编 写 组 成 员

国网上海市电力公司市区供电公司

杨振睿	沈晓柾	胡海敏	冯文俊	俞瑾华	周佳磊
秦 锋	王亦秋	李子健	秦 奋	张淑涵	张 杰
陈浩宇	张周伟	王 超	胡 旭	卞勤梅	张炳华
金 喆	程 凯	徐 刚	李中豪	詹麒麟	万铭德
周天雨	诸国彪	陈 皓	杨敏珑	蒲 愿	朱立铭
孙 辰	李子康	杨嘉骏	郭 峰	赵晨宇	张 坤
董万新	朱 萍	牛宗洋	金 金	曾恕程	屠稼茗
王曹越	王金健	郭秉涛	杨子杰	张瀚文	王 格
刘 青	虞 悦	朱毅强	陈 晓	黄玮娟	程浩天
宋 悦	甘晓雯	庞 晨	沈佳祯		

国网上海市电力公司

李肇卿

国网上海浦东供电公司

杨 超

国网上海电科院

司文荣

上海电力大学

李东东

序

城市作为工业文明的发源地，是现代经济的载体。一流城市需要一流配电网，在这个电力系统日新月异的时代，城市配电网的可靠性已经成为衡量一个城市现代化水平的重要标准之一，也是构建具有"清洁低碳、安全充裕、经济高效、供需协同、灵活智能"五大特征的新型电力系统的关键要素。

国网上海市电力公司市区供电公司（下简称"市区公司"）是中国历史最悠久的电力企业，也是中国第一盏灯亮起来的地方，市区公司全口径供电可靠率于 2020 年率先达到 99.9991%，位列国内地市级供电公司第一，比肩国际一流水平。市区公司在打造世界会客厅级国际领先城市配电网方面具有丰富的工程经验和深厚的技术底蕴，我深感荣幸能为《高可靠性城市配电网不停电作业》这本书作序，这是一部凝聚了众多专家智慧和实践经验的著作。

本书不仅系统地介绍了城市配电网供电可靠性管理和不停电作业基础知识，深入探讨了提升供电可靠性的管理措施，还分享了近年来的新技术、新设备和新工艺，如绝缘短杆作业法、新型 10kV 全绝缘可视化柱上负荷断路器、新型全绝缘可视化低压负荷转移装置、新型预绞式绝缘绑线、二次同期并网装置等，这些创新技术的应用大大提高了作业的安全性和效率。

在教学和科研工作中，我深刻体会到理论与实践相结合的重要性。本书的作者团队来自电力行业的资深工程师，他们的合作使得本书内容具有极佳的实践可行性，这对于我们学院的学生来说，是一本不可多得的教材和参考书，也为上海电力大学和市区公司深化校企合作、培养电气工程卓越人才，进一步夯实了基础。

我相信，无论是电气工程专业的学生、教师，还是电力行业的工程师，都能从这本书中获得宝贵的知识和启发。它不仅能够作为一本教材，指导学生们学习城市配电网可靠性管理和不停电作业的知识，也能够作为一本工具书，为工程师们提供现场作业的技术参考。

　　最后，愿《高可靠性城市配电网不停电作业》能够成为推动我国电气工程教育和电力行业发展的一分力量！

上海电力大学电气工程学院院长

前　言

习近平总书记在党的二十大报告中提出"加快规划建设新型能源体系"。2023 年 7 月 11 日，中央深改委审议通过《关于深化电力体制改革加快构建新型电力系统的指导意见》，进一步阐明了清洁低碳、安全充裕、经济高效、供需协同、灵活智能五个发展方向。

提升供电可靠性是加快构建新型电力系统的关键任务之一，也是为人民创造高品质生活、推动城市高质量发展的重要举措。"人民城市人民建""人民电业为人民"，国网上海市电力公司市区公司积极探索匹配超大型城市中心城区能源需求的高韧性现代智慧城市配电网，增强电网供电能力、负荷转移能力、运行灵活性，并于 2020 年全口径供电可靠率率先达到 99.9991%，位列国内地市级供电公司第一，比肩国际一流水平。

先进的供电可靠性管理方法、不停电作业等技术手段等，是提高供电可靠性、提升客户服务水平的关键手段，《高可靠性城市配电网不停电作业》这本书正是在这样的背景下应运而生。本书旨在为电力行业的相关人员提供一本全面、系统的参考书，以帮助他们在实际工作中提高供电可靠性，减少停电事件，保障关键用户不停电和城市安全能级提升。

本书共分为 5 章：第 1 章为高可靠性城市配电网不停电作业概述，介绍了供电可靠性和不停电作业的相关术语、发展历程、国内外现状等内容；第 2 章为供电可靠性与不停电作业基础知识，包括供电可靠性评价指标及统计方法、中/低压配电网不停电作业方法和倒闸操作流程；第 3 章则介绍了提升供电可靠性的管理措施；第 4 章介绍了不停电作业提升供电可靠性的不停电作业创新技术，如绝缘短杆作业法、全绝缘熔断器、新型 10kV 全绝缘可视柱上负荷断路器等；第 5 章则展望了供电可靠性管理的发展趋势和不停电作业的发展前景，包括不停电作业机器人、无人机不停电作业、变电不停电旁路作业等前沿技术。

本书力求内容的准确性、实用性和前瞻性，希望能够成为电力行业相关人员的良师益友，帮助他们在提高供电可靠性的道路上不断前行，从而对提升城市配电网的供电可靠性产生积极的影响。

最后，感谢所有参与本书编写的专家，他们的专业知识和丰富经验是本书能够顺利完成的宝贵财富。同时，也感谢出版社和所有支持本书出版的人士，他们严谨的工作态度是本书顺利出版的重要保障。

由于时间仓促及编者水平所限，书中难免有不妥之处，恳请广大读者批评指正。

编　者

2024 年 9 月

目　　录

第 **1** 章 概　述

1.1　定 义 及 术 语 解 释

1.1.1　供电可靠性

　　一般所说的"可靠性"指的是"可信赖的"或"可信任的"。我们说一台仪器设备，当人们要求它工作时，它就能工作，则说它是可靠的；而当人们要求它工作时，它有时工作，有时不工作，则称它是不可靠的。

　　对于电力系统来说，电力系统可靠性是指电力系统按可接受的质量标准和所需数量，不间断地向电力用户提供电力、电量能力的量度。在实际应用中，按照电力生产过程及电网结构特性，一般分为发电、输变电和配电等主要环节。其中，供电系统用户供电可靠性是指供电系统对用户持续供电的能力，实际反映用户得到电力系统供给电能的可靠程度，是体现电力网络末端供电水平的重要指标。

　　供电系统用户供电可靠性是以用户供电状态为研究目标，在规定的时间内，评估或评价供电企业对用户供电的能力。供电系统是联系电源与用户、向用户输送与分配电能的重要环节，供电系统可靠性管理是电力可靠性管理的重要组成部分。供电系统的可靠性水平是整个电力系统在电源建设、电网结构、供电能力、电能质量和运行管理等诸多方面问题的集中反映，是电力系统供电质量、电网自身现代化水平的重要体现。通过加强供电系统可靠性管理，深入分析供电可靠性信息，对供电过程进行科学的、量化的评价，可以准确定位电力供应环节存在的问题，预警供电安全，有效掌握设备与电网的健康状况和安全水平，为及时消除设备隐患、保证安全可靠供电提供科学决策依据。加强与深化供电系统可靠性管理工作对保证电力系统可靠供电、促进与改善电力企业生产技术和管理水平、提高经济效益和社会效益以及指导电网建设和改造有着十分重要的意义。

1.1.2　城市配电网

（1）城市配电网（urban distribution network）。指从输电网接受电能，再分配给城市电力用户的电力网。城市配电网分为高压配电网、中压配电网和低压配电网。城市配电网通常是指 110kV 及以下的电网。其中 35、66、110kV 电压为高压配电网，10、20kV 电压为中压配电网，380/220V 电压为低压配电网。

（2）$N-1$ 安全准则（$N-1$ security criterion）。正常运行方式下，电力系统中任一元件无故障或因故障断开，电力系统能保持稳定运行和正常供电，其他元件不过负荷，且系统电压和频率在允许的范围之内。这种保持系统稳定和持续供电的能力和程度，称为"$N-1$"准则。其中，N 指系统中相关的线路或元件数量。

1.1.3　不停电作业

不停电作业（overhaul without power interruption）指在带电状态下（以实现用户的不停电或短时停电为目的），采用特殊的作业方法、工具和装备进行电力设备的检修、安装、更换等作业。这种作业方法旨在保证电力供应的连续性和稳定性，减少应停电带来的经济损失和社会影响。

下列术语是带电作业领域的重要组成部分，这些术语有助于更好地理解不停电作业技术和安全要求。

（1）旁路作业（bypass working）：通过旁路设备的接入，将配电网中的负荷转移至旁路系统，实现待检修设备停电检修的作业方式。

（2）等电位作业（equal potential working）：作业人员穿戴适当的屏蔽服，直接接触高压带电部分，使自己与带电体处于同一电位。

（3）地电位作业（earth potential working）：作业人员站在地面或接地的平

台上，通过绝缘工具与带电体进行作业。

（4）中间电位作业（potential working）：作业人员处于带电体电位与地电位之间的电位上进行的作业。

（5）间接作业（indirect working）：作业人员利用绝缘工具接触高压带电体的作业，不直接接触带电体。

（6）直接作业（direct working）：作业人员穿戴绝缘防护装备，直接对带电体进行作业。

（7）绝缘手套作业（insulated glove working）：作业人员穿戴绝缘手套和全套个人防护装备，直接与带电体接触进行工作。

（8）绝缘杆作业法（hot stick working）：作业人员与带电体保持规定的安全距离，穿戴绝缘防护用具，通过绝缘杆进行作业。

（9）绝缘短杆作业（short hot stick working）：作业人员使用绝缘斗臂车、绝缘梯、绝缘平台等绝缘承载工具与带电体保持规定的安全距离，穿戴绝缘防护用具，通过绝缘短杆系列工具进行作业。

（10）全绝缘作业（all-Insulation working）：作业人员处在全绝缘情况下，直接接触高压带电体进行作业。

（11）旁路柔性电缆（bypass flexible cable）：一种导体由多股软铜线构成的、能重复弯曲使用的单芯电力电缆。

（12）旁路负荷开关（bypass load switch）：用于户内或户外，可移动的三相开关，具有分闸、合闸两种状态，用于旁路作业中负荷电流的切换。

（13）导线紧固装置（桥接法用）（conductor tension puller for bridging method）：拉伸双钩头带有孔眼的短杆，用于绝缘短杆作业法，实现紧线目的的装置，包括紧线器和卡线器等结构。

（14）绝缘遮蔽用具（insulating blanketing tools）：用于遮蔽或隔离带电导体，以保护作业人员和设备的安全。

（15）个人绝缘防护用具（personal insulating protective equipment）：作业人员穿戴的绝缘服、绝缘手套、绝缘鞋等，用以防止电击。

（16）绝缘工具（Insulating tools）：用绝缘材料制成的操作工具，包括以绝缘管、棒、板为主绝缘材料，端部装配金属工具的硬质绝缘工具和以绝缘绳为主绝缘材料制成的软质绝缘工具。用于带电作业的绝缘杆、绝缘夹具等，以保持与带电体的安全距离。

（17）绝缘承载工具（insulating carrying tool）：承载作业人员进入带电作业位置的固定式或移动式绝缘承载工具，包括绝缘斗臂车、绝缘梯、绝缘平台等。

（18）带电综合检修（synthetic live-line overhaul）：利用带电作业方法，对带电设备同时进行多种项目的检修。

（19）绝缘升降平台（insulated aerial platform）：一种用于带电作业的高空作业平台，工作人员可以在不接触地面的情况下进行作业。

（20）带电作业车（live working vehicle）：专门用于带电作业的工程车辆，配备有绝缘臂和其他必要的安全设备。

（21）安全距离（safety distance）：为防止电弧和电击，作业人员、工具与带电体之间必须保持的最小距离。

1.2　历史背景和发展历程

1.2.1　供电可靠性

关于可靠性问题，最初是在大工业生产及战争中为了满足研制和使用复杂的军事装备时提出来的，起源于第二次世界大战。1944 年纳粹德国用 V-2 火箭袭击伦敦，有 80 枚火箭在起飞台上爆炸，还有一些掉进英吉利海峡。针对该军事问题，德国提出并运用串联模型计算火箭系统可靠度，成为第一个运用系统可靠性理论的飞行器。另外，当时美国海军统计，运往远东地区的航空无线电设备有 60%不能工作，电子设备在规定使用期内仅有 30%能有效工作。在此期间，因可靠性问题损失飞机 2.1 万架，是被击落飞机的 1.5 倍。由此，人们开始逐步认识可靠性问题，并通过大量现场调查进行故障分析，制定并采取对策，从而诞生了可靠性这门学科，并最早在电子设备领域得到广泛应用。

经过几十年发展，可靠性学科已成为一门遍及各学科、各行业的工程技术学科，覆盖范围从电子产品到机械及非电子产品，从硬件装置到软件应用，从重视可靠性统计发展到强调可靠性工程试验。当前，可靠性已经成为衡量产品质量的重要指标。由于可靠性管理涉及产品规划、设计、制造、使用的全过程，所以从某种意义上说，可靠性是产品综合质量的体现。

电力可靠性发展起步主要在 20 世纪 60 年代，美国、加拿大、英国、法国、日本等国先后建立了较为完善的评价体系，成立了专门的研究管理机构负责电力系统可靠性原始数据的收集、整理和分析工作，并将分析结果用于指导电网规划设计、调度运行及企业管理、机制建设等诸多方面。如加拿大于 1959 年建立了供电连续性委员会，规定了用户停电小时、停电千伏安时、平均停电频率等供电系统充裕度指标；英国于 1964 年制定了《国家标准故障和停电报表》，统一了全国的报表及导则，广泛开展系统故障频率、原因及停电持续时间的统计分析。

我国对电力系统可靠性的研究起步于 20 世纪 70 年代，80 年代蓬勃兴起，90 年代形成管理网络。在学习和借鉴国内外电力可靠性研究的基础上，经过长期的探索与实践，目前已形成一个比较完善的电力可靠性管理体系。

与国外情况类似，我国首先也是通过制定电网规划的可靠性准则来确保系统的安全可靠性。之后我国电力系统根据长期的运行经验和国外安全稳定准则相关内容，总结出一套系统安全防御措施配置的原则和经验，形成标准《电力系统安全稳定导则》（DL 755—2001）和《电力系统安全稳定控制技术导则》（DL/T 723—2000），为电力可靠性蓬勃发展奠定基础。

1985 年 1 月，中国当时的电力主管部门——水利电力部正式批准成立了水利电力部电力可靠性管理中心，专门从事全国电力可靠性管理工作。但伴随着中国几次电力系统管理机构的改革——从水电部、能源部、电力部到电网公司，电力可靠性管理中心亦随之更名。1999 年，电力可靠性管理工作正式纳入行业管理的范畴，中心更名为"中国电力企业联合会电力可靠性管理中心"。

为适应电力可靠性管理工作的新形势，从 2006 年初开始，中国的电力可靠性管理正式纳入国家电力监管委员会的监管（简称电监会）体系，电力可靠性管理中心更名为国家电力监管委员会电力可靠性管理中心。其日常管理工作委托中国电力企业联合会（即中电联）负责，具体业务接受电监会安全监管局的指导，这标志着中国电力可靠性管理工作从以往受政府部门委托转变为电监会的直接领导。

2013年3月，由于国务院机构改革，将电监会、国家能源局的职责整合，重新组建国家能源局，电监会不再保留。2018年2月，国家能源局电力可靠性管理和工程质量监督中心（简称能源局可靠性中心）正式挂牌成立，负责开展电力可靠性信息系统建设和运行维护，组织开展相关信息统计、核查、分析、应用、发布以及承担对电力业务监督和指导工作。

根据电力可靠性的各项管理内容，我国建立了相关标准、准则、制度和规定。针对用户供电可靠性，我国现执行的标准主要有：《供电系统供电可靠性评价规程　第1部分：通用要求》（DL/T 836.1—2016）、《供电系统供电可靠性评价规程　第2部分：高中压用户》（DL/T 836.2—2016）、《供电系统供电可靠性评价规程　第3部分：低压用户》（DL/T 836.3—2016）等（见图1-1）。

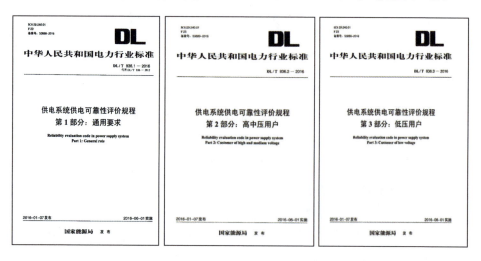

图1-1 《供电系统供电可靠性评价规程》

以上相关行业标准，对供电系统高、中、低用户供电可靠性的统计办法和评价指标进行了详细的规定和说明，是目前我国统计供电可靠性的主要依据。

1.2.2 不停电作业

（1）起步阶段。中国的带电作业技术起步于20世纪50年代，当时正值国民经济复苏和发展的初期。由于电力设备不足，大工业用户对连续供电的需求日益严格，常规停电检修受到限制，特别是在我国最大的钢铁基地鞍山，停电

尤为困难。为了解决电力设备不足和大工业用户用电之间的矛盾，不停电检修技术开始得到发展与应用

（2）初步探索。1953 年，鞍山电业局的工人开始研究带电清扫、更换和拆装配电设备及引线的工具。1954 年，使用类似桦木的木棒工具完成了 3.3KV 配电线路的不停电更换横担、木杆和绝缘子的作业，这是中国第一次实现带电作业。

（3）积累阶段。1956 年 6 月 14 日，鞍山电业局成立了中国第一个带电作业专业组，制定了《不停电检修工作规程》等，这标志着中国带电作业开始走向规范化和专业化。

1957 年，东北电业局设计了第一套 220kV 高压输电线路带电作业工具，并成功应用于实际作业。1958 年，沈阳中心实验所成功进行了人体直接接触 220kV 带电导线的等电位实验，这开创了中国带电作业的新篇章。

1960 年，辽吉电管局制定了《高压架空线路不停电检修安全工作规程》，这是中国第一部具有指导性的带电作业规程，标志着带电作业步入正规化。

（4）技术发展。1979 年，中国带电作业开始与国际交流，参加了国际电工委员会带电作业工作组的活动，并成立了 IEC/TC78 标准国内工作小组，从事带电作业有关标准的制定工作。

1984 年，中国带电作业标准化委员会成立。2000 年，华北电网有限公司首次研究实现了 500kV 紧凑型线路带电作业。

2007 年，华北电网有限公司研究实现 500kV 线路直升机带电作业，这一成果达到了国际领先水平。2008 年，国家电网公司组织举办了新中国成立以来最大规模的 220kV、500kV 输电线路带电作业比武竞赛。

2017 年，江苏公司在 1000kV 特高压交流输电线路上成功开展带电作业，同年也在 ±800kV 特高压直流输电线路上成功开展带电作业，至此，带电作业已覆盖目前在运所有电压等级。

2020 年 11 月，上海中心城区供电可靠性达到 99.999%，标志着上海世界一流城市配电网建设和以不停电作业为主体的配电网检修形式达到了前所未有的高度。

1.3 国内外现状

1.3.1 供电可靠性

根据世行 2018 年获得电力数据，国内外供电可靠性水平（统计范围为主要城市，按用户平均停电时间排序）较高的主要经济体有：日本（东京、大阪）0h/户，新加坡 0h/户，韩国（首尔）0.1h/户，法国（巴黎）0.2h/户，德国（柏林）0.2h/户，瑞士（苏黎世）0.2h/户，中国香港特别行政区 0.3h/户，爱尔兰（都柏林）0.3h/户，俄罗斯联邦（莫斯科、圣彼得堡）0.3h/户，中国台湾 0.3h/户，阿联酋（迪拜）0.3h/户，英国（伦敦）0.3h/户，意大利（罗马）0.5h/户，加拿大（多伦多）0.9h/户，中国（北京、上海）0.9h/户，澳大利亚（悉尼）1.2h/户，美国（纽约、洛杉矶）1.3h/户（见表 1-1）。

表 1-1　　　　　　　主要经济体的获得电力 - 平均停电时间

经济体	获得电力 - 平均停电时间（h/户）
日本（东京、大阪）	0
新加坡	0
韩国（首尔）	0.1
法国（巴黎）	0.2
德国（柏林）	0.2
瑞士（苏黎世）	0.2
中国香港特别行政区	0.3
爱尔兰（都柏林）	0.3
俄罗斯联邦（莫斯科、圣彼得堡）	0.3
中国台湾	0.3
阿联酋（迪拜）	0.3
英国（伦敦）	0.3
意大利（罗马）	0.5
加拿大（多伦多）	0.9
中国（北京、上海）	0.9
澳大利亚（悉尼）	1.2
美国（纽约、洛杉矶）	1.3

1.3.1.1 东京

东京电气设备质量高、电网自动化程度高，带电作业技术应用广泛，其供电可靠性水平位居世界前列。东京电力历年户年均停电时间和户年均停电次数，可大致划分为四大阶段：

（1）起步阶段，1966～1970 年；

（2）快速提升阶段：东京电力计划停电时间在 1983～1987 年的 5 年间，从 98min 快速下降为 8min，是东京电力供电可靠性从不到"4 个 9"（对应 53min）快速提升至接近"5 个 9"（对应 5min）的关键，主要得益于带电作业的大力普及；

（3）最优纪录出现在 2001 年期间，户均年停电时间达到 3min 左右；

（4）受灾害天气影响较大，如 2010 年的大地震、多次台风和雪灾，导致供电可靠性出现较大幅度下降。根据东京电力 TEPCO 公司的年度报告，2022 年东京的用户平均停电时间（SAIDI）为 7min。

1.3.1.2 新加坡

新加坡电网电压等级主要分为 5 级或 6 级，为 400/230/66/22/0.4kV 或 400/230/66/22/6.6/0.4kV，用电负荷已经趋于饱和，电网发展较为成熟，其配电网自动化、信息化水平相当高，供电可靠率达到 99.9997%。新加坡高可靠性主要受益于其坚强的配电网络，变电站每两回 22kV 馈线构成环网，形成花瓣结构，称之为梅花状供电模型（见图 1-2），不同电源变电站的每两个环网中间又相互连接，组成花瓣式相切的形状。其网络接线实际上是由变电站间单联络和变电站内单联络组合而成，站间联络部分开环运行，站内联络部分闭环运行，而两个环网之间的联络处为最重要的负荷所在。

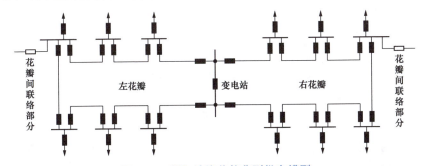

图 1-2 新加坡梅花状典型供电模型

由一个变电站的一段母线引出的一条出线环接多个配电站后，再回到本站的另一条母线，由此构成一个"花瓣"。多条出线便构成多个"花瓣"，多个"花瓣"构成以变电站为中心的一朵"花"。每个变电站就是一朵"梅花"，原则上不跨区供电，通过"花瓣"相切的方式满足故障时的负荷转供，构成多朵"梅花"供电的城市整体网架（见图1-3），具有良好的可扩展性。根据新加坡SG Group公司的官网数据显示，2021—2022财年新加坡的用户平均停电时间（*SAIDI*）为0.11min（见图1-4）。

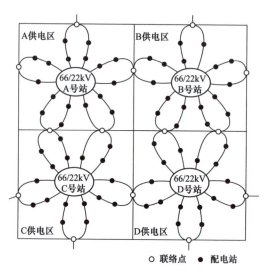

图1-3 新加坡城市电网扩展图

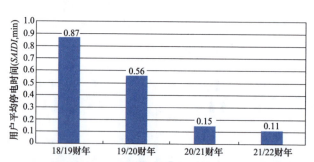

图1-4 新加坡2019—2022年用户平均停电时间（*SAIDI*）

该结构优点是标准化、模型化设计可大大减少规划设计部门的工作量，方便配电网扩展，利于实现自动化，采用统一的控制策略，并为中压侧用户的接

入提供明确的入网标准和评估体系。但是闭环运行方式与我国基础配电网开环
运行方式不符，可在高水平园区试点应用，大范围推广较为困难。

1.3.1.3 伦敦

英国是世界上最早研究供电安全性标准的国家，其供电安全性标准具有重
要的参考意义，英国对不同负荷的供电安全性标准如表 1-2 所示。英国工程安
全设计推荐标准 P2/5 始于 1978 年，1979 年再次修改为 P2/6 版本，现为国家强
制性执行的规划技术标准。标准中，以区域负荷的大小与安全的关系来修正
"$N-1$"理论，将最大容量设备故障后系统能提供的供电容量定为"可靠容量"。

表 1-2 英国对不同负荷的供电安全性标准

类别	组负荷的大小（MW）	故障后必须满足的最低负荷	
		"$N-1$"故障	"$N-1-1$"故障
A	≤1	维修完成后：恢复组负荷	无规定
B	1～12	1）3h 内：恢复（组负荷减去 1MW）； 2）维修完成后：恢复组负荷	无规定
C	12～60	1）15min 内：恢复（组负荷减去 12MW 或 2/3 的组负荷，取其小者）； 2）3h：恢复组负荷	无规定
D	60～300	1）即刻：恢复（组负荷减去不超过 20MW 的负荷，自动断开连接）； 2）3h 内：恢复组负荷	1）3h 内：对于高于 100MW 的组负荷，组负荷减去 100MW 或 1/3 的组负荷，取其小者； 2）恢复计划停运所需的时间内：恢复组负荷
E	300～1500	即刻：恢复组负荷	1）即刻：恢复 2/3 组负荷中的所有用户； 2）恢复计划停运所需的时间内：恢复组负荷
F	＞1500	根据 CEGB 规划备忘录 PLM—SP2 或者苏格兰委员会安全标准 NSP 366	

伦敦配电网有直供、环网和手拉手等多种连接形式。环网系统中每个主站
有 12 个环，采用断路器，不用负荷开关。伦敦城网电压序列包括 400、275、
132、66、33、22、11kV。伦敦电网计划改造后的电压等级序列为 400、225、
132、20、0.4kV。伦敦电网从 1977 年起，电缆化率达到了 100%。目前，伦敦
电网覆盖约 666km^2 的区域，其电缆长度超过 30160km。伦敦城市电网在城外
形成 400kV 环形接线，从四周向城市供电，形成多点供电的 275kV 电缆网络，
高压电网为环形接线，供电网络是辐射型的，每个电源点都有 2～3 路进线。

根据英国电力公司（UK Power Networks）官网数据，2021—2022 财年伦敦用户平均停电时间（SAIDI）为 13.9min，不包括罕见停电事件及 3min 以内的停电（见图 1-5）。

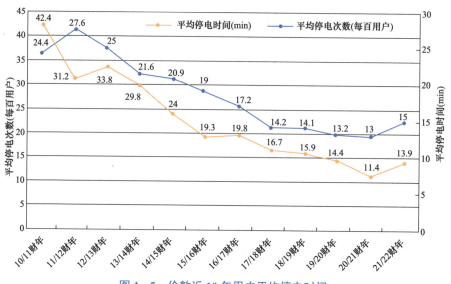

图 1-5　伦敦近 10 年用户平均停电时间

1.3.1.4　巴黎

法国配电系统采用 20kV、15kV、400V/230V 的电压等级。对于巴黎等大城市的市中心，供电可靠性要求很高，采用电缆双环网，由 2 座变电站双射线电缆构成双环网，开环运行。每座配电室的两路电源分别 T 接自双回路的不同电缆，其中一路为主供，另一路为热备用，其接线方式如图 1-6 所示。

在巴黎城区新建和改造的中压配电网则采用三环网结构，由 2 座变电站 3 射线电缆构成 3 环网，开环运行。每座配电室 2 路电源分别 T 接自 3 回路中 2 回不同电缆，其中一路为主供，一路为热备用，其接线方式如图 1-7 所示。

该结构优点是：如果其中一条电缆故障，可自动切换到另一条正常电缆供电，一般出现 2 个故障点不损失负荷；从用户角度看，长期停电转化为短期停电，供电可靠性提高；结构简单，主干线路径得到优化。

该结构缺点是：现场施工时，闭锁运行复杂，不适用于有较大发展建设的区域；如果两条电缆采用同一路径，均发生故障，将无法部分恢复供电。

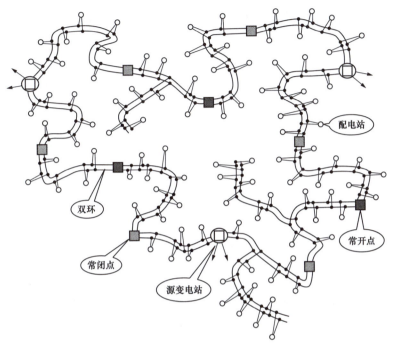

图 1-6 巴黎 20kV 双环网示意图

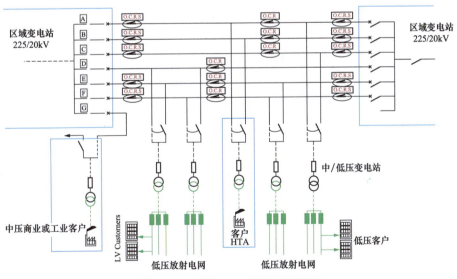

图 1-7 巴黎 20kV 三环网示意图

根据法国 EDF 公司官网数据显示，2021 年法国用户平均停电时间

（SAIDI）为 56min，不包括罕见故障及输电网故障（见图 1-8）。

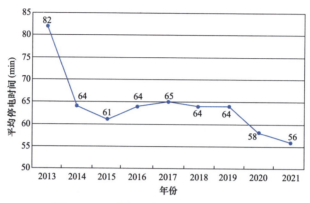

图 1-8　巴黎近 8 年用户平均停电时间

1.3.1.5　上海中压网架结构

上海中压网架结构是以开关站为核心主次分层的钻石型结构形态。其主干网以开关站为核心、双侧电源供电、双环网接线、配置自愈功能，具有"全电缆、全断路器、全互联、全自愈"的特征。次干网以环网站为节点、以开关站为上级电源，采用单（双）侧电源单环网或双侧电源双环网结构，如图 1-9 所示。

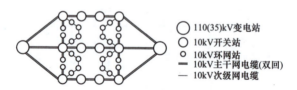

图 1-9　上海中压电网主干结构示意图

钻石型结构具有灵活可控的负荷转供性能，能有效解决现状负荷转移能力、平衡能力不足问题。

1.3.1.6　天津中压网架结构

天津 10kV 配电网现有典型网络结构主要以单环网、双环网、架空多分段适度联络为主。10kV 电缆单环网适用于 A+、A、B、C 类供电区域中单电源用户较为集中的地区，组成单环网的 2 条配电线路应来自不同变电站或开关站，电源点受限时可来自同一变电站或开关站的不同母线，如图 1-10 所示。

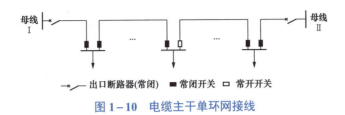

图1-10 电缆主干单环网接线

10kV电缆双环网适用于A+、A、B类供电区域中双电源用户较为集中的地区，10kV线路应引自不同变电站，1座变电站的10kV出线，宜与至少2座不同变电站的10kV出线形成环网，提高变电站间负荷转移能力。规划初期电源点不足时也可引自同一变电站不同母线。如图1-11所示。

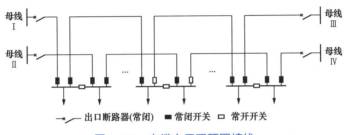

图1-11 电缆主干双环网接线

1.3.2 不停电作业

近年来，随着社会用电量的稳步增长，对供电可靠性的要求也越来越高。不停电作业作为一种重要的电力技术，在国内外都得到了广泛的应用和发展。

目前中国的配电网不停电作业正处于加速发展阶段，特别是在配电网领域。国家电网公司已经明确提出，将配电网运检模式由停电作业为主逐步过渡到不停电作业为主的目标，并计划通过3年时间，实现配电网不停电作业的全面覆盖。据统计，2020年国家电网公司共开展配电网不停电作业99.8万次，累计减少停电6732万h·户，城网供电可靠率从2016年的99.960%提升至2020年的99.970%。上海城市供电可靠性率先跻身世界前列，市区电网整体供电可靠率达99.9991%，用户年平均停电时间不到4.6min，标志着上海城市配电网建设实现从世界一流到国际领先的跨越。

在不停电作业方法上，国内一般采取绝缘杆作业法、绝缘手套作业法和综合不停电作业法等；在作业项目上，国内已经从简单的带电断接引线、更换绝缘子等项目，逐步拓展到复杂的旁路作业、综合不停电检修等；在装备方面，虽然国内已经开始研发和引进一系列不停电作业设备，如绝缘斗臂车、旁路作业设备等，但在高端智能化设备方面，与国际先进水平仍有差距；在自动化水平方面，国内的自动化水平正在逐步提高，如已开始采用无人机进行线路巡检等，但智能化设备普及率和应用水平仍有待提升；在不停电作业标准与规范方面，国家和行业出台了一系列不停电作业的标准和规范，对作业流程、安全措施、人员培训等方面进行了明确的规定，为不停电作业的安全、高效开展提供了制度保障。

由于欧美、日本等发达国家开展不停电作业的时间较早，所以技术发展较为成熟，应用更加广泛。在作业方法、作业工具和装备方面也较为先进，例如利用机器人、无人机、直升机等进行带电巡检和简单作业等；在装备方面，国外发达国家拥有高度专业化和智能化的作业工具和车辆，如智能绝缘工具等；在不停电作业标准与规范方面，国外不停电作业的标准化和规范化程度较高，形成了较为完善的作业标准和规范。

总的来说，不停电作业在国内外都得到了广泛的应用和发展，但具体的技术水平、应用范围和管理制度等存在一定的差异。未来，通过不断的技术创新和管理优化，以及加强国际合作交流，不停电作业将在全球电力系统中发挥更加重要的作用。

1.4　供电可靠性管理体系与职责

目前我国已形成了由"国家能源局归口管理，国家能源局电力可靠性管理和工程质量监督中心具体负责，国家能源局派出机构属地监管，中国电力企业联合会行业自律服务，企业承担主体责任"的较为完善的供电可靠性管理体系。

1.4.1　国家能源局的主要职责

（1）国家能源局负责全国供电可靠性的监督管理，国家能源局派出机构、地方政府能源管理部门和电力运行管理部门根据各自职责和国家有关规定负责辖区内的供电可靠性监督管理。

（2）研究起草供电可靠性监督管理规章、制定供电可靠性监督管理规范性文件和供电可靠性行业技术标准，并组织实施。

（3）组织建立全国电力可靠性监督管理工作体系，加强有关安全生产的法律法规、制度和标准的宣传；派出机构应当建立辖区内供电可靠性监督管理工作组织体系，制定辖区内供电可靠性监督管理制度。

（4）对国家能源局派出机构、地方政府能源管理部门和电力运行管理部门、电力企业、电力用户贯彻执行供电可靠性管理规章制度的情况进行监督管理。

（5）组织建立供电可靠性监督管理信息系统，统计分析供电可靠性信息，组织实施供电可靠性预测、评估和评价工作。

（6）发布供电可靠性指标和供电可靠性监管报告；派出机构可发布辖区内供电可靠性指标和供电可靠性监管报告。

1.4.2 中国电力企业联合会可靠性管理中心的主要职责

（1）负责供电可靠性技术支持和行业服务。

（2）开展电力系统设施性能和运行情况的可靠性评估预测。

（3）对电力企业可靠性工作体系建立、信息化建设、信息报送等管理工作进行监督、检查和指导。

1.4.3 电力企业供电可靠性管理主要职责

（1）电力企业是供电可靠性管理的主要责任主体，其法定代表人是供电可靠性管理第一责任人。

（2）贯彻执行国家有关供电可靠性管理规定，制定本企业供电可靠性管理工作制度。

（3）建立供电可靠性管理工作体系，落实供电可靠性管理相关岗位及职责。

（4）根据评价准则和评价规程中规定的统计办法与评价指标，采集、整理、审核、存储、报送可靠性数据和信息，对所辖范围内的供电系统可靠性指标进行统计、计算、分析与评价。

（5）根据可靠性统计数据，评估供电系统当前的运行可靠性状况，找出供电可靠性的薄弱环节，为提出改进与提高系统运行可靠性水平的有效措施提供科学决策依据。

（6）推行可靠性目标管理，明确职责与分工，将可靠性指标层层分解落实到各生产岗位，实现全员全过程管理，并制定详细的考核办法，严格考核，同时建立可靠性控制程序。

（7）预测供电系统可靠性指标，对供电系统的规划与建设进行指导，使规划与建设的方案满足供电系统对供电可靠性的要求。

（8）研究供电系统可靠性与经济性之间的关系，以寻求较高的可靠性增益和成本之间的最佳平衡。

（9）开展供电系统可靠性工程教育、业务培训以及技术交流活动。

1.5　不停电作业与供电可靠性

配电网运行设备众多，运行年限大多久远，加之运行环境复杂，日常运行维护不到位，设备运行隐患众多，而每年投入配电网建设改造资金有限，无法及时有效完成全部老旧设备的改造工作，因此，一旦老旧设备出现运行隐患，如不及时解决极有可能发展到故障。且近年来市政改造、地铁建设等施工外破风险很高，每年新建居住区以及业扩配套建设、新投运设备增加迅速，导致日常运维管理压力巨大，常常出现管理不到位情况，线路设备缺陷未能及时发现，线路设备故障停电次数增多，严重影响供电可靠性的提高。

不停电作业能够有助于快速响应和修复电力系统中的故障，减少故障停电时间，缩小故障影响范围，在提升供电可靠性方面的作用越来越受到重视，如表1-3所示，2021年国网上海市电力公司的带电作业化率已经超过90%，其中国网上海市区供电公司更是高达98.74%。坚持"能带电、不停电"工作理念，高度重视配电网不停电作业深化推进，深入开展配电网不停电作业项目，不断拓展不停电作业领域，持续降低配电网故障停电率，提升线路供电可靠性，推动配电网作业由停电为主向不停电为主转变。以配电网不停电作业区域协作实施为抓手，整合优势资源，集中发挥人员、装备和技术优势，推进不停电作业多元化、一体化、专业化，进一步拓展不停电作业模式和覆盖面，加大复杂项目不停电作业力度，严格把关停电计划，探索实施"数据+业务""转供+带电+发电"作业新模式，加速打造"管理规范、运行高效、保障有力、业绩优秀"的带电作业队伍。通过采用不停电作业，发挥不停电作业优势，可以减少计划或非计划的停电时户数，多供电量，降低配电线路故障停运率以及全口径停运率，实现用户停电"零感知"。满足用户的用电需求，提升供电可靠性，助力社会经济发展，创造经济效益。

表1-3　　2021年国网上海市电力公司及下属子公司带电作业情况

| 单位 | 总次数 | 按作业类别分类（次） | | | | 减少停电时户数（万 h·户） | 计划停电时户数（万 h·户） | 多供电量（万 kWh） | 带电作业化率（%） |
		第一类	第二类	第三类	第四类				
浦东	2548	777	1352	312	107	15.08	1.08	781.50	93.29
市区	1373	0	1175	197	1	2.70	0.03	200.69	98.74
市北	1423	0	1118	305	0	7.98	0.81	437.05	90.76
市南	1730	25	1384	320	1	14.28	0.57	334.32	96.16
松江	1070	0	983	86	1	4.74	0.57	317.15	89.28
嘉定	777	179	474	103	21	4.51	0.54	333.77	89.36
青浦	1224	12	921	289	2	6.73	0.52	430.66	92.78
金山	1054	106	731	177	40	5.98	0.58	575.20	91.20
奉贤	1268	0	1038	199	31	7.32	0.61	719.70	92.32
崇明	519	4	504	10	1	0.65	1.01	143.30	38.92
长兴	151	0	102	46	3	0.39	0.04	45.78	91.27
上海	13081	1103	9734	2036	208	70.35	6.37	4319.12	91.70

第 *2* 章 供电可靠性与不停电作业基础知识

2.1 停电性质分类

在供电可靠性统计中，供电系统的停电状态主要分为故障停电和预安排停电（见图 2-1）。其中：

（1）故障停电：指供电系统无论何种原因，未能按规定程序向调度提出申请，并在 6h（或按供电合同要求的时间）前得到批准且通知主要用户的停电。

（2）预安排停电：指凡预先已作出安排，或在 6h（或按供电合同要求的时间）前得到调度批准并通知主要用户的停电。

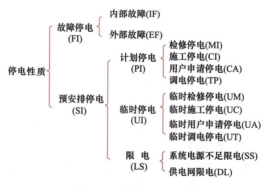

图 2-1 停电性质分类

故障停电分为内部故障停电和外部故障停电，其中：

（1）内部故障停电：包括凡属本企业管辖范围以内的电网设施等故障引起的停电。"本企业"指直辖市、地市级供电企业或独立的县级供电企业。管辖范围内的供电系统是指供电企业产权范围的全部以及产权属于用户而委托供电企业运行、维护、管理的电网设施。

（2）外部故障停电：包括凡属本企业管辖范围以外的电网设施等故障引起的停电。如电厂发电机组故障、上级电网或相邻电网故障造成的停电。

预安排停电分为计划停电、临时停电和限电，其中：

（1）计划停电：指有正式计划安排的停电，主要包括检修停电、施工停电、用户申请停电和调电。

（2）临时停电：指事先无正式计划安排，但在 6h（或按供电合同要求时间）前按规定程序经批准并通知主要用户的停电。包括临时检修停电、临时施工停电、用户临时申请停电、临时调电停电。

（3）限电：指在电力系统计划的运行方式下，根据电力的供求关系，对于求大于供的部分进行限量的供应（见表 2-1）。包括系统电源不足限电以及供电网限电。

表 2-1　　　　　　　　　　临时停电和限电分类

临时停电	临时检修停电	系统在运行中发现危及安全运行、必须处理的缺陷而临时安排的停电
	临时施工停电	事先未安排计划而又必须尽早安排的施工停电
	用户临时申请停电	事先未安排计划，由用户提出申请并得到批准，且影响其他用户的停电。主要是指由于用户本身的特殊要求而得到批准，且影响其他用户的停电
	临时调电停电	事先未安排计划，由于调整电网运行方式而造成用户的停电
限电	系统电源不足限电	由于电力系统电源容量不足，由调度命令对用户以拉闸或不拉闸的方式限电。如由于系统装机容量满足不了用户的要求或系统调峰容量不足造成对用户的限电
	供电网限电	由于供电系统本身设备容量不足，不能完成预定的计划供电而对用户的拉闸限电，或不拉闸限电。如变电站变压器、输配电线路容量不足等造成的不能满足供电需要而对用户停电

2.2 停电统计规定

根据电力行业可靠性管理标准化技术委员会于 2017 年发布的《供电系统供电可靠性评价规程实施细则》，停电状态中关于用户停电填报几种情况规定如下：

（1）用户在一段时期内不带负荷时，如一些农用抽水专用变压器，农闲期间常将高压开关（跌落式熔断器）拉开作为备；一些小厂过节或市场不好停止生产；用户性质为专用用户的，路灯专用变压器按照当地路灯投运时间范围内，不带负荷或其他零负荷情况，可以不计为停电状态；公用用户，如果确由用户提出申请，供电企业与用户签有停电协议，可以不计为停电状态，否则仍需计成停电。

（2）对于公用变压器停电，但通过负荷转移或其他措施（如供电企业提供发电机发电）使其所供低压用户未停电的情况，不应视为对用户的停电。但对于从变压器停电发生至通过负荷转供或其他措施恢复低压供电之间的时间，必须按照中压配电变压器的停电事件停一户统计，停电起止时间从停电发生至通过负荷转供或其他措施恢复低压供电为止。

（3）对于两台或多台变压器并列运行供电，在不影响用户供电的前提下为降低变压器损耗而停运其中某台变压器的情况，不应视为对用户停电。

（4）自动重合闸重合成功，或备用电源自动投入成功不应视为对用户停电，双电源用户只有一路停电时，不计入停电范围；所有电源全停时，计入停电范围以内。

（5）分步送电的情况，对单回路停电，分阶段处理逐步恢复送电时，作为一次中压停电运行事件录入，但停电持续时间按每个分阶段停电时间分步判定。

（6）跨年、跨月停电的情况，按照实际停电起始时间和终止时间录入。

（7）同杆并架线路、交叉跨越线路陪停的情况，线路检修、改造或故障抢修时，其同杆并架、交叉跨越线路或由于其他原因必须配合停电的（陪停线路本身没有工作），包括高压输电线路陪停造成相关下级中压配电线路停电的，必须在系统中录入。

（8）用户由两回及以上供电线路同时供电，当其中一回停运而不降低用户的供电容量（包括备用电源自动投入）时，不予统计。如一回线路停运而降低用户供电容量时，应计停电一次，停电用户数为受其影响的用户数，停电容量为减少的供电容量，停电时间按等效停电时间计算。

（9）用户由一回 35kV 或以上高压线路供电，而用 10kV 线路作为备用时，当高压线路停运，由 10kV 线路供电并减少供电容量时，按不拉闸限电进行统计。对这种情况的用户，仍算作 35kV 或以上的高压用户。

（10）对有能力向系统输送电力的用户，若该用户与供电系统连接的线路停运，且减少（或中断）对系统输送电力而影响对其他用户的正常供电时，应计停电一次，停电用户数应为受其影响而限电（或停电）的用户数之和，停电时间按等效停电时间（或实际停电时间）计算。

（11）用户报停后，视为退出系统，停后的基础数据和运行数据不参与计算。

（12）因用户欠费、存在违法用电等行为，或按政府部门要求配合执法，以及为避免人身、财产损失，供电企业依法依规进行的停电可以不作统计，但基础数据仍参与计算。

（13）对于设施停运而未造成供电系统对用户停止供电，且未降低用户供电容量的情况，不予统计。

（14）持续时间在 1min 之内的停电可不予统计，持续时间在 1min 及以上的用户停电应全部录入，包括转供电等短时停电。

2.3　供电可靠性评价指标及统计方法

2.3.1　供电可靠性指标体系

为了对供电系统供电可靠性进行评价，首先必须建立统计评价的指标体系，以量化指标作为整个分析评价的基础和依据。可靠性统计评价指标体系的建立应该满足如下的原则：能够满足用户对供电系统持续供电能力的要求；能够反映供电系统及其设备的结构、特性、运行状况以及对用户的影响，并可以从供电系统及其设备运行的历史数据中计算出来。

根据供电可靠性评价规程，供电系统供电可靠性统计评价指标具有如下特点：① 以用户为基础，以可以量度的停电次数、停电时间和停电范围等为基本统计要素，根据供电服务质量的需要、设备特征及停电的原因和性质进行指标分类。② 采取以平均值管理的方式，避免因采用最大值指标而可能出现供电线路越长、供电范围越大、用户越多，供电可靠性可能越低的不合理情况。

在供电可靠性评价规程中，可靠性的统计指标体系有反映供电连续性的指标、反映故障停电的指标、反映设施停电的指标、反映预安排停电的指标，以及反映外部影响停电指标五大类。分为主要指标和参考指标两大类。

2.3.2　主要指标

（1）平均供电可靠率。

在统计期间内，对用户有效供电小时数与统计期间小时数的比例，记作 $ASAI-1$（%）。

$$ASAI-1 = \left(1 - \frac{系统平均停电时间}{统计期间时间}\right) \times 100\%$$

若不计外部影响时，则记作 $ASAI-2$（%）。

$$ASAI-2 = \left(1 - \frac{系统平均停电时间-系统平均受外部影响停电时间}{统计期间时间}\right) \times 100\%$$

若不计系统电源不足限电时，则记作 $ASAI-3$（%）。

$$ASAI-3 = \left(1 - \frac{系统平均停电时间-系统平均电源不足限电停电时间}{统计期间时间}\right) \times 100\%$$

若不计短时停电时，则记作 $ASAI-4$（%）。

$$ASAI-4 = \left(1 - \frac{系统平均停电时间-系统平均短时停电时间}{统计期间时间}\right) \times 100\%$$

（2）系统平均停电时间。

供电系统用户在统计期间内的平均停电小时数，记作 $SAIDI-1$（h/户）。

$$SAIDI-1=\frac{\sum 每次停电时间\times 每次等效停电用户数}{总用户数}$$

其中，等效停电用户数＝停电用户容量/基准容量；基准容量＝系统供电总容量/总用户数。

若不计外部影响时，则记作 $SAIDI-2$（h/户）。

$$SAIDI-2=SAIDI-1-\frac{\sum 每次外部影响停电时间\times 每次受外部影响等效停电用户数}{总用户数}$$

若不计系统电源不足限电时，则记作 $SAIDI-3$（h/户）。

$$SAIDI-3=SAIDI-1-$$

$$\frac{\sum 每次系统电源不足限电停电时间\times 每次系统电源不足限电等效停电用户数}{总用户数}$$

若不计短时停电时，则记作 $SAIDI-4$（h/户）。

$$SAIDI-4=SAIDI-1-\frac{\sum 每次短时停电时间\times 每次短时等效停电用户数}{总用户数}$$

（3）系统平均停电频率。

供电系统用户在统计期间内的平均停电次数，记作 $SAIFI-1$（次/户）。

$$SAIFI-1=\frac{\sum 每次等效停电用户数}{总用户数}$$

若不计外部影响时，则记作 $SAIFI-2$（次/户）。

$$SAIFI-2=\frac{\sum 每次等效停电用户数-\sum 每次受外部影响停电户数}{总用户数}$$

若不计系统电源不足限电时，则记作 $SAIFI-3$（次/户）。

$$SAIFI-3=\frac{\sum 每次等效停电用户数-\sum 每次系统电源不足限电停电户数}{总用户数}$$

若不计短时停电时，则记作 $SAIFI-4$（次/户）。

$$SAIFI-4=\frac{\sum 每次等效停电用户数-\sum 每次短时停电户数}{总用户数}$$

（4）系统平均短时停电频率。

供电系统用户在统计期间内的平均短时停电次数，记作 $MAIFI$（次/户）。

$$MAIFI = \frac{\sum 每次短时等效停电户数}{总用户数}$$

（5）平均系统等效停电时间。

在统计期间内，因系统对用户停电的影响等效成全系统（全部用户）停电的等效小时数，记作 $ASIDI$（h）。

$$ASIDI = \frac{\sum 每次停电容量 \times 每次停电时间}{系统供电总容量}$$

（6）平均系统等效停电频率。

在统计期间内，因系统对用户停电的影响折（等效）成全系统（全部用户）停电的等效次数，记作 $ASIFI$（次）。

$$ASIFI = \frac{\sum 每次停电容量}{系统供电总容量}$$

2.3.3　参考指标及计算公式

（1）系统平均预安排停电时间。

供电系统用户在统计期间内的平均预安排停电小时数，记作 $SAIDI-S$（h/户）。

$$SAIDI-S = \frac{\sum 每次预安排停电时间 \times 每次预安排等效停电用户数}{总用户数}$$

（2）系统平均故障停电时间。

供电系统用户在统计期间内的平均故障停电小时数，记作 $SAIDI-F$（h/户）。

$$SAIDI-F = \frac{\sum 每次故障停电时间 \times 每次故障等效停电用户数}{总用户数}$$

（3）系统平均预安排停电频率。

供电系统用户在统计期间内的平均预安排停电次数，记作 $SAIFI-S$（次/户）。

$$SAIFI-S = \frac{\sum 每次预安排停电缺供电量}{总用户数}$$

（4）系统平均故障停电频率。

供电系统用户在统计期间内的平均故障停电次数，记作 $SAIFI-F$（次/户）。

$$SAIFI-F = \frac{\sum 每次故障停电用户数}{总用户数}$$

（5）系统平均短时预安排停电频率。

用户在统计期间内的平均短时预安排停电次数，记作 $MAIFI-S$（次/户）

$$MAIFI-S = \frac{\sum 每次短时预安排停电用户数}{总用户数}$$

（6）系统平均短时故障停电频率。

用户在统计期间内的平均短时故障停电次数，记作 $MAIFI-F$（次/户）。

$$MAIFI-F = \frac{\sum 每次短时故障停电用户数}{总用户数}$$

（7）预安排停电平均持续时间。

在统计期间，预安排停电的每次平均停电小时数，记作 $MID-S$（h/次）。

$$MID-S = \frac{\sum 预安排停电时间}{预安排停电次数}$$

（8）故障停电平均持续时间。

在统计期间，故障停电的每次平均停电小时数，记作 $MID-F$（h/次）。

$$MID-F = \frac{\sum 故障停电时间}{故障停电次数}$$

（9）平均停电用户数。

在统计期间内，平均每次停电的用户数，记作 MIC（户/次）。

$$MIC = \frac{\sum 每次等效停电用户数}{停电次数}$$

（10）预安排停电平均用户数。

在统计期间内，平均每次预安排停电的用户数，记作 $MIC-S$（户/次）。

$$MIC-S = \frac{\sum 每次预安排等效停电用户数}{预安排停电次数}$$

（11）故障停电平均用户数。

在统计期间内，平均每次故障停电的用户数，记作 $MIC-F$（户/次）。

$$MIC-F = \frac{\sum 每次故障等效停电用户数}{故障停电次数}$$

（12）用户平均停电缺供电量。

在统计期间内，平均每一用户因停电缺供的电量，记作 $AENS$（kWh/户）。

$$AENT = \frac{\sum 每次停电缺供电量}{总用户数}$$

（13）预安排停电平均缺供电量。

在统计期间内，平均每次预安排停电缺供的电量，记作 $AENT-S$（kWh/次）。

$$AENT - S = \frac{\sum 每次预安排停电缺供电量}{预安排停电次数}$$

（14）故障停电平均停电缺供电量。

在统计期间内，平均每次故障停电缺供的电量，记作 $AENT-F$（kWh/次）。

$$AENT - F = \frac{\sum 每次故障停电缺供电量}{故障停电次数}$$

（15）停电用户平均停电频率。

在统计期间内，发生停电用户的平均停电次数，记作 $CAIFI-1$（次/户）。

$$CAIFI - 1 = \frac{\sum 每次等效停电用户数}{等效停电用户总数}$$

若不计短时停电时，则记作 $CAIFI-4$（次/户）。

$$CAIFI - 4 = \frac{\sum 每次持续等效停电用户数}{持续等效停电用户总数}$$

（16）停电用户平均停电时间。

在统计期间内，发生停电用户的平均停电时间，记作 $CAIDI-1$（h/户）。

$$CAIDI - 1 = \frac{\sum 每次停电时间 \times 每次等效停电用户数}{等效停电用户总数}$$

若不计短时停电时，则记作 $CAIDI-4$（次/户）。

$$CAIDI - 4 = \frac{\sum 每次持续停电时间 \times 每次持续等效停电用户数}{持续等效停电用户总数}$$

（17）停电用户平均每次停电时间。

在统计期间内，发生停电用户的平均每次停电时间，记作 $CTAIDI-1$（h/户）。

$$CTAIDI - 1 = \frac{\sum 每次停电时间 \times 每次等效停电用户数}{\sum 每次等效停电用户数}$$

若不计短时停电时，则记作 $CTAIDI-4$（h/户）。

$$CTAIDI-4 = \frac{\sum 每次持续停电时间 \times 每次持续等效停电用户数}{\sum 每次持续等效停电用户数}$$

（18）长时间停电用户的比率。

在统计期间内，累计持续停电时间大于 n（h）的用户所占的比例，记作 $CELID-t(\%)$。

$$CELID-t = \frac{累计停电时间大于 n 的等效用户数}{总用户数} \times 100\%$$

其中，累计停电时间大于 n 的等效用户数 = 累计停电时间大于 n 的用户容量/基准容量；基准容量 = 系统供电总容量/总用户数。

（19）单次长时间停电用户的比率。

在统计期间内，单次持续停电时间大于 n（h）的用户所占的比例，记作 $CELID-s$（%）。

$$CELID-s = \frac{单次停电时间大于 n 的等效用户数}{总用户数} \times 100\%$$

其中，单次停电时间大于 n 的等效用户数 = 单次停电时间大于 n 的用户容量/基准容量；基准容量 = 系统供电总容量/总用户数。

（20）多次停电用户的比率。

在统计期间内，所有供电用户经历停电大于 n 次的用户所占的比例，记作 $CEMSMI_n$（%）。

$$CEMSMI_n = \frac{停电次数大于 n 次的等效用户数}{总用户数} \times 100\%$$

其中，停电次数大于 n 次的等效用户数 = 停电次数大于 n 次的用户容量/基准容量；基准容量 = 系统供电总容量/总用户数。

（21）多次持续停电用户的比率。

在统计期间内，所有供电用户经历持续停电大于 n 次的用户所占的比例，记作 $CEMI_n$（%）。

$$CEMI_n = \frac{持续停电次数大于 n 次的等效用户数}{总用户数} \times 100\%$$

其中，持续停电次数大于 n 次的等效用户数=持续停电次数大于 n 次的用户容量/基准容量；基准容量=系统供电总容量/总用户数。

（22）设施停运停电率：在统计期间内，某类设施平均每 100 台（或 100km）因停运而引起的停电次数，记作 $FEOI$ ［次/（100 台·年，或 100km·年）］。

$$FEOI = \frac{设施停运引起用户停电总次数}{统计期间设施100台（100km）数} \times \frac{全年小时数}{统计期间小时数}$$

注：设施停运包括强迫停运（故障停运）和预安排停运。

（23）设施停电平均持续时间：在统计期间内，某类设施平均每次因停运而引起对用户停电的持续时间，记作 $MDEOI$（h/次）。

$$MDEOI = \frac{\sum 某类设施每次因停运而引起的停电时间}{某类设施停运引起停电的总次数}$$

（24）线路故障停电率：在统计期间内，供电系统每 100km 线路（包括架空线路及电缆线路）故障停电次数，记作 $FLFI$ ［次/（100km·年）］。

$$FLFI = \frac{线路故障停电次数}{系统线路（100km·年）}$$

（25）架空线路故障停电率：在统计期间内，每 100km 架空线路故障停电次数，记作 $FOLFI$ ［次/（100km·年）］。

$$FOLFI = \frac{架空线路故障停电次数}{架空线路（100km·年）}$$

（26）电缆线路故障停电率：在统计期间内，每 100km 电缆线线路故障停电次数，记作 $FCFI$ ［次/（100km·年）］。

$$FCFI = \frac{电缆线路故障停电次数}{电缆线路（100km·年）}$$

（27）变压器故障停电率：在统计期间内，每 100 台变压器故障停电次数，记作 $FTFI$ ［次/（100 台·年）］。

$$FTFI = \frac{变压器故障停电次数}{变压器（100台·年）}$$

（28）出线断路器故障停电率：在统计期间内，每 100 台出线断路器故障停电次数，记作 $FCBFI$ ［次/（100 台·年）］。

$$FCBFI = \frac{出线断路器故障停电次数}{出线断路器（100台 \cdot 年）}$$

（29）其他开关故障停电率：在统计期间内，每 100 台其他开关故障停电次数，记作 $FOSFI$ ［次/（100 台 $\cdot$ 年）］。

$$FOSFI = \frac{其他开关故障停电次数}{其他开关（100台 \cdot 年）}$$

其中，统计百台（100km）年数 = 统计期间设施的百台（100km）数 $\times$ $\frac{统计期间小时数}{8760}$。

注：闰年为 8784h。

（30）外部影响停电率：在统计期间内，每一用户因供电企业管辖范围以外的原因造成的平均停电时间与用户平均停电时间之比，记作 $IRE-1$（%）。

$$IRE-1 = \frac{系统平均外部原因停电时间}{系统平均停电时间} \times 100\%$$

若不计系统电源不足限电时，则记作 $IRE-3$（%）。

$$IRE-3 = IRE-1 - \frac{系统平均电源不足限电停电时间}{系统平均停电时间} \times 100\%$$

2.3.4　其他计算公式

（1）停电缺供电量。

$$W = KS_1T$$

式中：

W ——停电缺供电量；

S_1 ——停电容量，即被停止供电的各用户的容量之和，kVA；

T ——停电持续时间，或等效停电时间，h；

K ——载容比系数，该值应根据上一年度的具体情况于每年 1 月修正一次。

$$K = \frac{P}{S}$$

式中：

P——供电系数（或某条线路、某用户）上年度的年平均负荷，kW，$P=$上年度售电量（kWh）/全年小时数（h）；

S——供电系数（或某条线路、某用户）上年度的用户容量总和，kVA。

P、S是同一电压等级下的供电系统年平均负荷及其用户容量总和。

（2）重点事件日界限值 T_{MED}。

判定重大事件日的界限值 T_{MED} 应以地市级供电企业（或直辖市）为单位进行计算，每年更新一次，界限值 T_{MED} 的确定方法：

1）选取最近三年每天的 $SAIDI-F$ 值（跨日的停电计入停电当天）。

2）剔除 $SAIDI-F$ 值为零的日期，组成数据集合。

3）计算数据集合中每个 $SAIDI-F$ 值的自然对数 $\ln(SAIDI-F)$。

4）计算 α：$SAIDI-F$ 自然对数的算数平均值。

5）计算 β：$SAIDI-F$ 自然对数的标准差。

6）MED 阈值计算方法为

$$T_{MED} = esp(\alpha + 2.5\beta)$$

2.4　中压配电网不停电作业

中压配电网不停电作业是提高配电网供电可靠性的重要手段。

常用的中压配电网不停电作业项目按照作业方式和推广程度，可分为四类，按照作业方式可分为绝缘杆作业、绝缘手套作业和综合不停电作业法。

（1）第一类简单绝缘杆作业法即常规绝缘杆法不停电作业项目。包括普通消缺及装拆附件、带电断、接引线、带电更换避雷器、带电更换直线杆绝缘子或横担等；

（2）第二类简单绝缘手套作业法即常规绝缘手套法不停电作业项目，包括带电断、接引线、带电更换开关类设备、带电更换直线杆绝缘子、带电直线杆改终端杆或耐张杆，移动电源车带电接入或退出等；

（3）第三类复杂绝缘杆作业法和复杂绝缘手套作业法即带负荷不停电作业项目，包括带负荷更换熔断器、带负荷更换开关类设备、带负荷更换导线非承力线夹、带负荷直线杆改耐张杆等；

（4）第四类综合不停电作业法即为综合不停电作业项目，包括不停电更换柱上变压器、旁路作业检修架空（电缆）线路等。

2.4.1　简单绝缘杆作业法

绝缘杆作业法指作业人员保持与带电体规定的安全距离，穿戴好绝缘防护用具，通过绝缘操作杆进行的作业。绝缘杆作业法既可在登杆作业中采用，也可在绝缘斗臂车或其他绝缘平台上采用。

10kV 配电网不停电作业，简单绝缘杆作业法的常用作业项目可以分为 10 类，如表 2-2 所示。

表 2-2　　　　　　　　　　　简单绝缘杆作业法项目分类

序号	作业类别	常用作业项目	作业方式	不停电作业时间（h）	减少停电时间（h）	作业人数（人·次）
1	简单绝缘杆作业法	普通消缺及装拆附件（包括：修剪树枝、清除异物、扶正绝缘子、拆除退役设备、加装或拆除绝缘遮蔽、故障指示器、驱鸟器等）	绝缘杆作业法	1	3	4
2		带电断引流线（包括：熔断器上引线、开关引线、分支线路引线、耐张杆引流线等）	绝缘杆作业法	1.5	3.5	4
3		带电接引流线（包括：熔断器上引线、开关引线、分支线路引线、耐张杆引流线等）	绝缘杆作业法	1.5	3.5	4
4		带电断空载电缆线路与架空线路连接引线	绝缘杆作业法	2	4	4
5		带电接空载电缆线路与架空线路连接引线	绝缘杆作业法	2	4	4
6		带电更换避雷器	绝缘杆作业法	1	3	4
7		带电更换熔断器	绝缘杆作业法	2	4	4
8		带电更换直线杆绝缘子或横担	绝缘杆作业法	2	4	4
9		带电组立或撤除直线电杆	绝缘杆作业法	3	5	8
10		带电开断、接续导线	绝缘杆作业法	2	4	4

本书中提到的简单绝缘杆作业法是指除带负荷不停电作业项目除外的常用作业项目，其优点有：作业人员无需占据带电设备固有净空，不受电压等级和净空的限制，作业机动性强、投入成本低。缺点有：劳动强度大、绝缘工具

使用较繁琐且有待创新、难以完成较细致或较复杂的作业等。

简单绝缘杆作业法的特点：

（1）安全距离要求。作业人员需与带电体保持足够的安全距离，以防止发生触电事故。根据相关标准和规范，确定合适的安全距离，并在作业过程中严格遵守。安全距离的确定考虑了电压等级、作业环境、设备类型等因素，确保作业人员的人身安全。

（2）操作灵活性要求。绝缘杆可以根据作业需求选择不同的长度和类型，以适应不同的作业场景。例如，对于较高位置的设备，可以使用较长的绝缘杆进行操作。配合各种专用的操作工具，如绝缘夹钳、绝缘扳手等，可以完成多种作业任务，具有一定的操作灵活性。

（3）绝缘杆质量要求。绝缘杆的质量直接关系到作业的安全和可靠性。必须选用符合标准要求的高质量绝缘杆，确保其绝缘性能、机械强度等指标满足作业需求。定期对绝缘杆进行检测和维护，发现问题及时处理，保证其始终处于良好的状态。

2.4.2 简单绝缘手套作业法

绝缘手套作业法指作业人员与带电体直接接触，身着全套绝缘防护装备（其中绝缘手套为关键部分），借助绝缘手套开展作业的方法。绝缘手套作业法既能够在地面作业场景中实施，也可在绝缘斗臂车或其他具备绝缘性能的平台上进行操作。

10kV 配电网不停电作业，简单绝缘手套作业法的常用作业项目可以分为16 类，如表 2-3 所示。

表 2-3　　　　　　　简单绝缘手套作业法项目分类

序号	作业类别	常用作业项目	作业方式	不停电作业时间（h）	减少停电时间（h）	作业人数（人·次）
1	简单绝缘手套作业法	普通消缺及装拆附件（包括：清除异物、扶正绝缘子、修补导线及调节导线弧垂、处理绝缘导线异响、处理导线脱落、拆除退役设备、更换拉线、拆除非承力拉线、加装接地环、加装或拆除绝缘遮蔽、故障指示器、驱鸟器等）	绝缘手套作业法	1	3	4

续表

序号	作业类别	常用作业项目	作业方式	不停电作业时间（h）	减少停电时间（h）	作业人数（人·次）
2	简单绝缘手套作业法	带电断引流线（包括：熔断器上引线、分支线路引线、耐张杆引流线等）	绝缘手套作业法	1	3	4
3		带电接引流线（包括：熔断器上引线、分支线路引线、耐张杆引流线等）	绝缘手套作业法	1	3	4
4		带电断空载电缆线路与架空线路连接引线	绝缘手套作业法	2	4	4
5		带电接空载电缆线路与架空线路连接引线	绝缘手套作业法	2	4	4
6		带电更换避雷器	绝缘手套作业法	1.5	3.5	4
7		带电更换熔断器	绝缘手套作业法	1.5	3.5	4
8		带电更换直线杆绝缘子	绝缘手套作业法	1	3	4
9		带电更换直线杆绝缘子及横担	绝缘手套作业法	1.5	3.5	4
10		带电更换耐张杆绝缘子串	绝缘手套作业法	2	4	4
11		带电更换耐张绝缘子串及横担	绝缘手套作业法	3	5	4
12		带电更换柱上开关或隔离开关	绝缘手套作业法	3	5	4
13		带电组立或撤除直线电杆	绝缘手套作业法	3	5	8
14		带电更换直线电杆	绝缘手套作业法	4	6	8
15		带电直线杆改终端杆或耐张杆	绝缘手套作业法	3	5	4
16		移动电源车带电接入或退出	绝缘手套作业法	3	5	7

本书中提到的简单绝缘手套作业法是指除复杂不停电作业项目除外的常用作业项目，其优点有：

（1）作业人员可凭借直接接触带电体的方式，精准地完成各类较为精细和复杂的作业操作，展现出较高的作业灵活性与可控性。

（2）在作业场地方面，对空间大小和地形条件的适应性较强，能在多种不同环境下有效开展工作，不受过多限制。

（3）从投入成本角度来看，相较于部分大型专业作业设备，其前期投入相对较为适中，具有一定的经济优势。

缺点有：

（1）该作业法对作业人员的身体素质和专业技能水平要求颇高，长时间持续作业容易使作业人员产生身体疲劳，进而影响作业效率和质量。

（2）绝缘手套以及其他相关防护用具在质量和性能方面有着严格标准，不仅需要定期进行专业检测，还需按时更换，这导致维护成本相对较高。

（3）在作业过程中，尽管有防护措施，但仍存在一定程度的安全风险。倘若绝缘防护用具出现破损、老化等情况，或者作业人员操作出现失误，都有可能引发触电事故，对作业人员的生命安全构成威胁。

绝缘手套作业法的特点：

（1）直接接触带电体。作业人员能够更加直观地进行操作，准确判断设备状况和故障点，提高作业效率和准确性。可以对一些复杂的作业任务进行精细操作，如更换设备零部件、调整设备参数等。

（2）防护要求高。需要穿戴全套绝缘防护用具，包括绝缘手套、绝缘衣、绝缘裤、绝缘靴、绝缘安全帽等，确保身体各部位都得到有效的绝缘保护。绝缘防护用具的质量和性能必须符合相关标准要求，定期进行检测和维护，以保证其绝缘性能可靠。

（3）对作业人员技能要求高。由于直接接触带电体，作业人员需要具备较高的电气知识和技能水平，熟悉电力系统的运行原理和安全操作规程。必须经过专业的培训和考核，取得相应的作业资格证书，才能进行 10kV 简单绝缘手套作业。

2.4.3 复杂绝缘杆作业法和复杂绝缘手套作业法

复杂绝缘杆作业法是作业人员与带电体保持足够的安全距离，通过绝缘杆操作工具进行作业的方法，它主要利用绝缘杆的绝缘性能，使作业人员不直接接触带电体，从而确保作业安全。

复杂绝缘手套作业法及复杂绝缘杆作业法与前面所提的简单手套作业法及简单操作杆作业法的区别在于，复杂类作业项目主要涉及带负荷更换杆上设备，如带负荷更换熔断器、带负荷更换柱上开关或隔离开关等。相对于简单的作业法而言，这种作业要求技术人员具备更高的技能和作业经验的积累，以确保作业安全和效率。

10kV 配电网不停电作业，复杂绝缘杆作业法和复杂绝缘手套作业法的常用作业项目可以分为7类，如表2-4所示。

复杂绝缘手套作业法的特点：

（1）直接接触带电体：作业人员可以更加直观地进行操作，提高作业效率。

（2）防护要求高：需要穿戴全套绝缘防护用具，确保身体各部位都得到有效的绝缘保护。

（3）对作业人员技能要求高：由于直接接触带电体，作业人员需要具备较高的技能水平和丰富的经验。

复杂绝缘杆作业法和复杂绝缘手套作业法各有其特点和适用范围，在电力系统带电作业中，应根据具体的作业需求和现场情况选择合适的作业方法，以确保作业安全和高效。

表2-4　　　　复杂绝缘杆作业法和复杂绝缘手套作业法项目分类

序号	作业类别	常用作业项目	作业方式	不停电作业时间（h）	减少停电时间（h）	作业人数（人·次）
1	复杂绝缘杆作业法和复杂绝缘手套作业法	带负荷更换熔断器	绝缘手套作业法	2	4	4
2		带负荷更换导线非承力线夹	绝缘手套作业法、绝缘杆作业法	2	4	4
3		带负荷加装（拆除）柱上开关或隔离开关	绝缘手套作业法	3	5	8
4		带负荷更换柱上开关或隔离开关	绝缘手套作业法、绝缘杆作业法	4	6	12
5		带负荷直线杆改耐张杆	绝缘手套作业法	4	6	5
6		带负荷迁移转角杆	绝缘手套作业法	6	7	10
7		带负荷直线杆改耐张杆并加装柱上开关或隔离开关	绝缘手套作业法	5	7	7

2.4.4　综合不停电作业法

综合不停电作业法主要通过旁路系统将需要检修或维护的设备从电网中隔离出来，同时由旁路系统为用户持续供电。旁路系统通常由柔性电缆、旁路开关、移动箱变等设备组成。在作业过程中，先将旁路系统接入电网，然后将待检修设备从电网中切换至旁路系统，实现不停电作业。

10kV配电网不停电作业，综合不停电作业法的常用作业项目可以分为5类，如表2-5所示。

表 2-5　　　　　　　综合不停电作业法的常用作业项目分类

序号	作业类别	常用作业项目	作业方式	不停电作业时间（h）	减少停电时间（h）	作业人数（人·次）
1	综合不停电作业法	不停电更换柱上变压器	综合不停电作业法	4	6	12
2		旁路作业检修架空线路	综合不停电作业法	8	10	12
3		旁路作业检修电缆线路	综合不停电作业法	8	10	8
4		旁路作业检修环网箱	综合不停电作业法	8	10	10
5		从环网箱（架空线路）等设备临时取给电给环网箱、移动箱变供电	综合不停电作业法	4	6	10

综合不停电作业法常用的一些关键技术与设备有：

（1）旁路设备。

1）柔性电缆：具有良好的绝缘性能和柔韧性，便于连接和敷设。柔性电力电缆和自锁定快速插拔式电缆连接器，能够在不中断供电的情况下进行线路检修或故障处理。这种技术提高了供电的可靠性和灵活性，减少了停电范围和时间。

2）旁路开关：旁路开关在电力系统中有着广泛的应用。例如，在电力传输和配电系统中，旁路开关用于在维护或故障情况下，临时连接电路，确保电力供应不中断。在高压输电线路中，旁路开关用于在检修或故障处理时，保证其他部分的电力供应不受影响。

（2）移动箱变车。

移动箱变车主要用于在不停电的情况下进行电力设备的更换和维护。它具有智能切换功能，可以从高压电网中取电，并通过临时旁路系统为低压线路供电，从而实现变压器等设备的更换或维修，确保用户用电不受影响。

移动箱变车在综合不停电作业法中场景应用较多。例如在不停电更换柱上变压器中，通过箱变车来对柱上变压器进行更换，提升供电可靠性方面的潜力。

移动箱变车在提升供电可靠性和促进绿色电网建设方面具有重要意义。通过不停电作业，它有效减少了用户停电时间，提升了供电服务质量。此外，移动箱变车的应用还有助于降低设备损耗，提升设备安全运行水平，促进绿色电网建设和"碳达峰、碳中和"目标的实现。

（3）移动电源车。

移动电源车是一种采用非电启动及以空气为冷却介质的发动机的交通工具，它能在极高、低温和沙尘等恶劣的环境下工作。电源车的主要特点包括免除了蓄电池及风箱水箱的维护以及加注冷却液的烦恼，并且能够在各种恶劣环境下正常工作。此外，电源车是一种特种救援车辆，也属于工程抢险车辆，主要用于提供紧急电源供应，支持各种设备的运转。它通常由一台发电机组和一个燃料储存罐组成，可以在现场为需要电力供应的设备提供稳定的电力。

移动电源车的工作原理是将燃料转化为电能，以供应各种设备的使用。它在紧急情况下提供了有力的支持，例如自然灾害、重大事故等。电源车不仅在救援工作中发挥着重要作用，还在各种需要临时供电的场合中广泛应用，如灾害救援、临时施工、现场维修和其他应急情况。应急电源车特别设计用于在各种不同使用环境下正常工作，具有防风避雨的操作面板和大空间，能够放置多种用于应急供电抢修的实用工具和检测仪器。

移动电源车在综合不停电作业法中也经常应用，例如临时取电给环网箱供电等，综上所述，电源车是一种多功能、高效能的交通工具，广泛应用于各种需要临时供电的场合，特别是在紧急情况下提供了重要的电力支持，也提升了可靠性方面的潜力。

2.5　低压配电网不停电作业

（一）概述

配电网不停电作业，是以实现用户不中断供电为目的，采用带电作业、旁路作业等方式对配电网设备进行检修的作业方式，是国际先进企业通行做法。0.4kV 低压不停电作业，则是配电网不停电作业中对 0.4kV 低压线路设备开展的作业，是为了达到用户不停电或少停电的目的，采用带电作业、旁路作业等多种作业方式对 0.4kV 配电网设备进行检修的作业。

配电网不停电作业的提出，对于提升供电可靠性和优质服务水平具有更好的导向作用。带电作业强调的是一种"作业方式和能力"；不停电作业则强调的是"作业目的和服务意识"，包括"带电作业、旁路作业和临时供电作业"

在内的各类不停电作业。

配电网检修作业方式从"以停电作业为主、带电作业为辅"向包括"带电作业、旁路作业和临时供电作业"在内的"不停电作业"方式的转变，历经了十几年的发展与变化。应该说：将"不停电作业"作为未来带电作业技术发展的方向，和中国配电网主流的检修作业方式，符合当今社会经济发展以及智能化配电网建设与发展的需要。大力发展和全面推广 0.4kV 低压配电网不停电作业势在必行。

（二）低压配电网特点与功能

将电力系统中从降压配电变电站（高压配电变电站）出口到用户端的这一段系统称为配电系统。配电系统是由多种配电设备（或元件）和配电设施所组成的变换电压和直接向终端用户分配电能的一个电力网络系统。按照电压等级分，配电网可分为：高压配电网（6～110kV）；低压配电网（0.4kV）。通常所说的低压配电网即指 0.4kV 配电网，供应大部分的民用电与低压用户。

（1）网络结构复杂。0.4kV 配电网作为输电线路的最后一环，结构复杂是其最重要的一个特点。0.4kV 配电网由架空线路、杆塔、电缆、配电变压器、开关设备、无功补偿电容等配电设备及附属设施组成，它在电力网中的主要作用是分配电能。配电网一般采用闭环设计、开环运行，其结构呈辐射状。采用闭环结构是为了提高运行的灵活性和供电可靠性；开环运行一方面是为了限制短路故障电流，防止断路器超出遮断容量发生爆炸，另一方面是控制故障波及范围，避免故障停电范围扩大。由于 0.4kV 配电网所面向用户的多样性、地形复杂性，具有设备类型多样、作业点多面广、安全环境相对较差等特点，因此配电网的安全风险因素也相对较多。

（2）0.4kV 配电网线路结构多样，不同情况应用线路不同。0.4kV 配电网线路可分为低压架空线路、低压架空绝缘线路、低压电缆线路和室内配电线路四种。低压架空线路、低压架空绝缘线路和低压电缆线路一般用于室外，直接向室外用电设备和室内低压配电系统供电。室内配电线路包括工业与民用建筑物内接到各种用电设备去的固定线路。

（3）线路环境复杂。由于 0.4kV 配电网通常直接接入终端用户，用户数量庞大且复杂，线路环境十分复杂，居民区、闹市、胡同、开阔的公共场合、农田，甚至有些线路会经过私人领域。线路所作业区域不确定性很高，是否有上下层线路、植被覆盖程度、路况、遮挡物、干扰物、作业杆塔高度等都有非常大的不确定性，现场情况对实际作业要求很高。

2.5.1　架空线路作业

2.5.1.1　低压架空线路简介

架空线路是电力网的重要组成部分，其作用是输送和分配电能。低压架空配电线路是采用电杆将导线悬空架设，直接向用户供电的配电线路。架空线路一般按电压等级分，1kV 及以下的为低压架空配电线路，1kV 以上的为高压架空配电线路。

低压架空线路具有架设简单，造价低，材料供应充足，分支、维修方便，便于发现和排除故障等优点。缺点是易受外界环境的影响，供电可靠性较差，影响环境的整洁美观等。

架空线路主要由电杆、导线、横担、绝缘子和线路金具等组成，如图 2-2 所示。

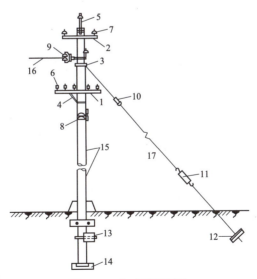

图 2-2　架空线路结构

1—低压横担；2—高压横担；3—拉线抱箍；4—横担支撑；5—高压杆头；6—低压针式绝缘子；
7—高压针式绝缘子；8—低压蝶式绝缘子；9—悬式蝶式绝缘子；10—接紧绝缘子；11—花篮螺栓；
12—地锚（拉线盘）；13—卡盘；14—底盘；15—电杆；16—导线；17—拉线

2.5.1.2 架空线路作业简介

架空线路作业是指在低压架空线路不停电的情况下进行不停电作业，包括简单消缺、接户线及线路引线断接操作、低压线路设备安装更换等，解决低压架空线路检修造成用户停电问题。主要作业项目如表 2-6 所示。

表 2-6 低压架空线路不停电作业项目

序号	作业项目	作业类别	作业方式
1	0.4kV 配电网带电简单消缺	架空线路作业	绝缘杆作业法
2	0.4kV 带电安装低压接地环	架空线路作业	绝缘手套作业法
3	0.4kV 带电断低压接户线引线	架空线路作业	绝缘手套作业法 绝缘杆作业法
4	0.4kV 带电接低压接户线引线	架空线路作业	绝缘手套作业法 绝缘杆作业法
5	0.4kV 带电断分支线路引线	架空线路作业	绝缘手套作业法
6	0.4kV 带电接分支线路引线	架空线路作业	绝缘手套作业法
7	0.4kV 带电断耐张引线	架空线路作业	绝缘手套作业法
8	0.4kV 带电接耐张引线	架空线路作业	绝缘手套作业法
9	0.4kV 带负荷处理线夹发热	架空线路作业	绝缘手套作业法
10	0.4kV 带电更换直线杆绝缘子及横担	架空线路作业	绝缘手套作业法
11	0.4kV 带电更换直线杆	架空线路作业	绝缘手套作业法
12	0.4kV 带电更换户外表箱	架空线路作业	绝缘手套作业法

2.5.1.3 低压架空线路作业典型案例

案例：0.4kV 带电断分支线路引线

1. 基本工作要求

在进行 0.4kV 带电断分支线路引线作业时，工作票签发人或工作负责人需要提前组织相关人员进行现场勘查，以确定是否可以进行不停电作业，并制定相应的作业方法和安全技术措施。

具体现场勘查的内容包括：

（1）杆线状况：检查电杆和导线是否有损坏、腐蚀或松动现象。

（2）设备交叉跨越状况：评估是否有其他电力或通信线路与作业区域交叉或接近。

（3）电杆装置：确认电杆上的设备是否稳固，是否适合进行带电作业。

（4）作业危险点：识别所有可能的危险点，如邻近的带电体、地面的障碍物等。

（5）行人和车辆：观察作业点周围是否有车辆停放或行人频繁经过，以及是否有物体可能掉落并造成伤害。

（6）绝缘老化和构件锈蚀：检查导线的绝缘层是否有老化现象，以及电杆和其他金属构件是否有严重的锈蚀情况。

（7）气象条件：了解现场气象条件，判断是否符合安规对带电作业的要求。

在确认可以进行不停电作业后，需要掌握整个操作程序，理解工作任务及操作中的危险点及控制措施，并办理低压工作票。

工作票的办理流程通常包括：

（1）填写工作票：详细记录作业内容、时间、地点、作业人员、安全措施等信息。

（2）审批工作票：由上级管理人员对工作票进行审批，确保所有安全措施都被考虑到。

（3）工作票发放：将审批通过的工作票发放给作业人员，并进行安全技术交底。

（4）作业人员应包括工作负责人、杆上电工、地面电工等，并且每个角色都有明确的职责。

作业时还需要注意以下几点：

（1）个人防护装备：作业人员必须穿戴好绝缘手套、绝缘靴、安全帽等个人防护装备。

（2）绝缘工具：使用符合安全标准的绝缘工具和设备。

（3）安全距离：与带电体保持足够的安全距离，避免直接接触。

（4）紧急情况处理：制定紧急情况下的撤离和应急处理流程。

此外，作业人员应身体健康，无妨碍作业的生理和心理障碍，经培训合格，持证上岗，应掌握紧急救护法，特别要掌握触电急救法，还应进行安全技术交底，确保每位作业人员都了解作业流程和安全措施，并严格执行工作票制度。

2. 安全措施与注意事项

在进行带电作业时，确保安全是最重要的考虑因素。以下是进行 0.4kV 带电断分支线路引线作业的安全措施和注意事项。

安全措施：

（1）专责监护人：应始终专注于监护工作，不得同时进行其他任务；选择便于监护的位置，确保对作业点的全面监督；监护范围不得超过一个作业点，以保证监护质量。

（2）低压接户线检查：作业前确认低压接户线（集束电缆、普通低压电缆、铝塑线）为空载状态，避免带负荷接引线。

（3）接引线顺序：严格按照"先零线、后相线"的顺序进行带电接引线；先接负荷侧，后接电源侧。

（4）绝缘保护：未搭接引线的金属裸露部分应有绝缘保护，以防止感应电伤害。

（5）相序确认：作业前进行对接户线相序的正确性进行确认，并在接引前进行试送电。

（6）绝缘遮蔽：按规定进行绝缘遮蔽，确保遮蔽严密，防止触电。

（7）高空作业安全：高空作业人员应系安全带，防止高空坠落；禁止高空抛物，使用绝缘传递绳传递物品。

（8）电弧防护：正确穿戴防电弧能力不小于 8cal/cm² 的分体防弧光工作服。

3. 作业步骤与内容

（1）开工阶段：在现场进行 0.4kV 带电作业前，现场工作负责人必须与设备运维管理单位共同完成许可手续，确保所有作业活动都得到正式批准。接着，负责人需向作业人员宣读工作票，明确布置工作任务、人员分工、作业程序和现场安全措施，同时对潜在的危险点进行告知，并完成确认手续。在所有准备工作就绪后，现场工作负责人将发布开始工作的命令。

（2）安全检查：需要检查的安全措施包括确保安全围栏和警示标志符合规定要求，以及检查电杆、拉线基础的完整性和拉线是否有腐蚀情况，确保线路设备及周围环境满足作业条件。此外，所有绝缘工具和防护用具必须性能完好且在试验周期内。操作电工在登高过程中必须始终使用双控背带式安全带，并进行外观检查和冲击试验以确保安全。

（3）验电测流及绝缘遮蔽：在验电时，操作电工应与邻近带电设备保持足够的安全距离，并按照先带电体后接地体的顺序进行验电，确保线路外绝缘良好且无漏电情况。同时，操作电工身体各部位也应与其他带电设备保持足够的安全距离。在进行验流时，必须确认待接接户线（集束电缆、普通低压电缆、铝塑线）负荷侧的开关和刀闸处于断开状态，并对引线进行无电流、电压的验证后，方可开始搭接引线。接近带电体过程中，应使用验电器从下方依次验电，并使用绝缘挡板进行绝缘隔离，确保挡板牢固卡在相线上。

（4）相序确认：为了明确相线与零线，使用万用表进行多次点测不同相与相间电压。

（5）接引线：剥除主线与引线的绝缘外皮，并使用绝缘杆异形并沟线夹安装工具先搭接零线的引线，然后由远至近依次搭接相线（火线）引线，确保每相接引点依次相距 0.2m。

（6）拆绝缘遮蔽及施工质量检查：作业完成后，使用操作杆依次拆除绝缘挡板，并进行全面检查，确保作业质量无遗漏的工具和材料。

（7）收工阶段：现场工作负责人将对工作完成情况进行全面的检查，确保所有步骤都按照规定执行，以保障作业的安全和质量。

具体作业流程图如图 2-3 所示。

2.5.2　电缆线路作业

2.5.2.1　电缆线路简介

电缆线路在电力系统中主要用于传输和分配电能。随着时代的发展，电力电缆在民用建筑、工矿企业等领域应用越来越广泛。电缆线路与架空线路比较，具有敷设方式多样、占地少、不占或少占用空间、受气候条件和周围环境的影响小、传输性能稳定、维护工作量较小且整齐美观等优点。但是电缆线路也有一些不足之处，如投资费用较大、敷设后不宜变动、线路不宜分支、寻测故障较难、电缆头制作工艺复杂等。

在电力系统中，最常用的电缆有电力电缆和控制电缆两种。输配电能的电缆称为电力电缆。用在保护、操作回路中传导电流的称为控制电缆。

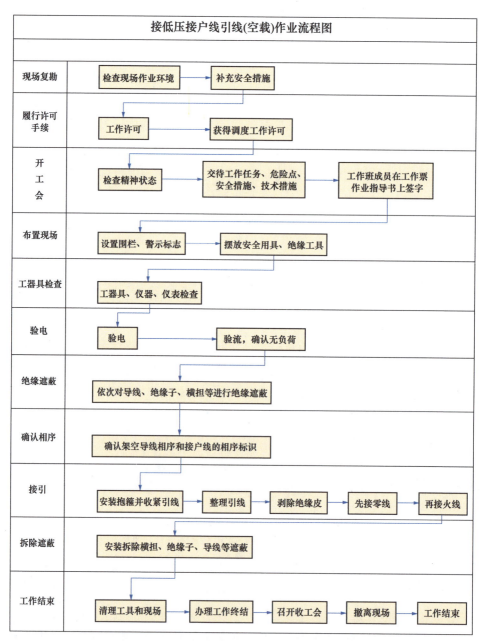

图 2-3　接低压接户线引线（空载）作业流程图

1. 电缆结构

电缆一般由导线线芯、绝缘层和保护层三个主要部分组成,如图 2-4 所示。

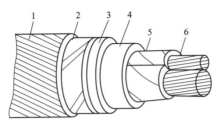

图 2-4　电缆结构

1—沥青麻护层；2—钢带铠装；3—塑料护层；4—铝包护层；5—纸包绝缘；6—导体

（1）导线线芯。导线线芯用来输送电流，其必须具有高导电性、一定抗拉强度和伸长率、耐腐蚀性好以及便于加工制造等性能。电缆的导电线芯通常由软铜或铝的多股绞线制成，这样制成的电缆比较容易弯曲。

我国制造的电缆线芯的标称截面积有 1、1.5、2.5、4、6、10、16、25、35、50、70、95、120、150、185、240、300、400、500、625、800mm^2 等多种。

（2）绝缘层。绝缘层的作用是将导电线芯与相邻导体以及保护层隔离，抵抗电力电流、电压、电场对外界的作用，保证电流沿线芯方向传输。绝缘的好坏，直接影响电缆运行的质量。电缆的绝缘层材料分为均匀质和纤维质两类：均匀质有橡胶、沥青、聚乙烯、聚氯乙烯，交联聚乙烯，聚丁烯等；纤维质有棉、麻、丝、绸、纸等。

（3）保护层。保护层简称护层，它是为了使电缆适应各种使用环境的要求，在绝缘层外面施加的保护覆盖层。其主要作用是保护电缆在敷设和运行过程中，免遭机械损伤和各种环境因素，如水、日光、生物、火灾等的破坏，以保持长时间稳定的电气性能。所以，电缆的保护层直接关系电线电缆的寿命。

保护层分为内保护层和外保护层。内保护层直接包在绝缘层上，保护绝缘不与空气、水分或其他物质接触，因此要包得紧密无缝，并且有一定的机械强度，使其能承受在运输和敷设时的机械力。内保护层有铅包、橡套和聚氯乙烯包等。外保护层是用来保护内保护层的，防止铅包、铝包等受外界的机械损伤和腐蚀，在电缆的内保护层外面包上浸过沥青混合物的黄麻、钢带或钢丝。对于没有外保护层的电缆，如裸铅包电缆等，则用于无机械损伤的场合。

2. 电缆型号

我国电缆的型号是采用双语拼音字母组成，带外护层的电缆则在字母后加上两个阿拉伯数字。常用的电缆型号中字母的含义及排列次序见表 2-7。电缆外护层型号含义见表 2-8。

电缆外护层的结构采用两个阿拉伯数字表示，前一个数字表示铠装层结构，后一个数字表示外被层结构。例如 VV22—10—3×95 表示 3 根截面积为 95mm^2，聚氯乙烯绝缘，电压为 10kV 的铜芯电力电缆，铠装层为双钢带，外被层是聚氯乙烯护套。

表 2-7　　　　　　　常用电缆型号字母含义及排列顺序

类别	绝缘种类	线芯材料	内护层	其他特征	外护层
力电缆不表示 K—控制电缆 Y—移动式软电缆 P—信号电缆 H—市内电话电缆	Z—绝缘纸 X—橡皮 V—聚氯乙烯 Y—聚乙烯 YJ—交联聚乙烯	T—铜(省略) L—铝	Q—铅护套 L—铝护套 H—橡套 (H)F—非燃性橡套 V—聚氯乙烯护套 Y—聚乙烯护套	D—不滴流 F—分相铅包 P—屏蔽 C—重型	两个数字 (含义见下表)

表 2-8　　　　　　　电缆外护层型号含义

第一个数字		第二个数字	
代号	铠装层类型	代号	外被层类型
0	无	0	无
1	—	1	纤维绕包
2	双钢带	2	聚氯乙烯护套
3	细圆钢丝	3	聚乙烯护套
4	粗圆钢丝	4	—

3. 电缆种类

电力电缆按使用绝缘材料不同，其常见种类见表 2-9。

表 2-9　　　　　　　电力电缆的种类

绝缘类型	电缆名称		电压等级 (kV)	允许最高工作温度（℃）		产品型号
油浸纸绝缘电缆	普通黏性浸渍纸电缆	统包型	1～35	1～3kV, 80	6kV, 65 10kV, 60	ZLL、ZL、ZLQ、ZQ
		分相铅（铝）包型			20～35kV 50	ZLLF、ZLQF、ZQF

续表

绝缘类型	电缆名称		电压等级（kV）	允许最高工作温度（℃）	产品型号
油浸纸绝缘电缆	不滴流电缆	统包型	1～35	65～80	ZLQD、ZQD
		分相铅（铝）包型			ZLLDF、ZQDF
	自容式充油电缆		110～750	80～85	ZQCY
	钢管充油电缆				
	钢管压气电缆		110～220	80	
	充气电缆		35～110	75	
塑料绝缘电缆	聚氯乙烯电缆		1～10	65	VLV、VV
	聚乙烯电缆		6～220	70	YLV、YV
	交联聚乙烯电缆			10kV 及以下，90 20kV 及以上，80	YJLV、YJV
橡皮绝缘电缆	天然丁苯橡皮电缆		0.5～6	65	XLQ、XQ、XLV、XV、XLHF、XLF
	乙丙橡皮电缆		1～35	80～85	
	丁基橡皮电缆			80	
气体绝缘电缆	压缩气体绝缘电缆		220～500	90	
新型电缆	低温电缆				
	超导电缆				

4. 电缆敷设

电缆敷设方式有很多，主要有以下 7 种：直接埋在地下、安装在架空钢索上、安装在地下隧道内、安装在电缆沟内、安装在建筑物墙上或天棚上、安装在桥梁构架上、敷设在水下。电缆敷设方式及代号见表 2-10。根据环境和敷设方法选择电缆见表 2-11。

表 2-10　　　　　　　　　电缆敷设方式及代号

名称	旧代号	新代号	名称	旧代号	新代号
用绝缘子或瓷柱敷设	CP	K	穿聚乙烯硬质管敷设	VG	PC
用塑料线槽敷设	XC	PR	穿聚乙烯半硬质管敷设	RVG	FPC
用钢线槽敷设		SR	穿聚乙烯塑料波纹电线管敷设		KPC
穿水煤气管敷设		RC	用电缆桥架敷设		CT

续表

名称	旧代号	新代号	名称	旧代号	新代号
穿焊接钢管敷设	G	SC	用瓷夹敷设	CJ	PL
穿电线管敷设	DG	TC	用塑料夹敷设	VJ	PCL
用金属软管敷设	SPG	C：P	自在器线吊式	X	CP
沿钢索敷设	S	SR	固定线吊式	X	CP
沿屋架或跨屋架敷设	LM	BE	防水线吊式	X	CP
沿柱或跨柱敷设	ZM	CLE	吊线器式	X	CP
沿墙面敷设	QM	WE	链吊式	L	CH
沿天棚面或顶版面敷设	PM	CE	管吊式	G	P
在能进入的吊顶内敷设	PNM	ACE	壁装式	B	W
暗敷设在梁内	LA	BC	吸顶式或直附式	D	S
暗敷设在柱内	ZA	CLC	嵌入式	R	R
暗敷设在墙内	QA	WC	顶棚内安装	DR	CR
暗敷设在地面内	DA	FC	墙壁内安装	HR	WR
暗敷设在顶板内	PA	CC	台上装	T	T
暗敷设在不能进人的吊顶内	PNA	ACC	支架上安装	J	SP
线吊式		CP	柱上安装	Z	CL

表 2－11　　　　　　　根据环境和敷设方法选择电缆

环境特征	电缆敷设方法	常用电缆型号
正常干燥环境	明敷或放在沟中	ZI⊥、ZLL1U VLV、XLV、ZLQ
潮湿和特别潮湿环境	明敷	ZLL11、VLV、XLV
多尘环境（不包括火灾及爆炸危险尘埃）	明敷或放在沟中	ZLL、ZI⊥11、VLV、XLV、ZLQ
有腐蚀性环境	明敷	VLV、ZLL11、XZV
有火灾危险的环境	明敷或放在沟中	ZLL、ZLQ、VLV、XLV、XLHF
有爆炸危险的环境	明敷	ZL120、ZQ20、W20
户外配线	电缆埋地	ZLL11、ZLQ2、VLV、VLV2

2.5.2.2　电缆线路作业简介

电缆线路作业是指在低压电缆线路上开展低压电缆线路不停电作业，包括断接空载电缆引线、更换电缆分支箱等，解决低压电缆线路检修造成用户长时间停电问题。主要作业项目如表 2－12 所示。

表 2-12   电缆线路不停电作业项目

序号	作业项目	作业类别	作业方式
1	0.4kV 带电断低压空载电缆引线	电缆线路作业	绝缘手套作业法
2	0.4kV 带电断低压空载集束线引线	电缆线路作业	绝缘手套作业法
3	0.4kV 带电接低压空载电缆引线	电缆线路作业	绝缘手套作业法
4	0.4kV 带电接低压空载集束线引线	电缆线路作业	绝缘手套作业法
5	0.4kV 旁路法带电（短时停电）更换低压电缆分支箱	电缆线路作业	绝缘手套作业法

2.5.2.3　典型电缆线路作业典型案例

案例一：0.4kV 旁路法带电（短时停电）更换低压电缆分支箱

1. 基本工作要求

在进行 0.4kV 旁路法带电（短时停电）更换低压电缆分支箱作业时，由于此项作业需要多小组进行配合，作业开始前，工作票签发人或工作负责人需要在组织相关人员进行现场勘查的基础之上，工作负责人需要和各小组长进行作业方法和安全技术措施的交底工作。

现场勘查与作业条件：

（1）道路和停车条件：工作票签发人与工作负责人根据作业现场详细勘查的情况，确认作业现场的道路是否满足施工要求。

（2）电缆展放条件：工作票签发人与工作负责人根据作业现场详细勘查的情况，确定现场是否有足够的空间展放低压柔性电缆。

（3）负荷电流和出线回路确认：确认负荷电流情况和出线回路数，以评估作业的可行性。

（4）旁路设备匹配：确认待转移负荷电流与旁路设备的匹配情况，确保旁路设备的最小通流元器件额定电流至少是待转移负荷电流的 1.2 倍。

（5）移动发电车容量：根据负荷需求确认所需要的移动发电车的容量。

（6）气象条件：了解现场的气象条件，判断是否符合安全规定对于带电作业的要求。

作业时还需要注意以下几点：

（1）操作流程：工作负责人需要掌握整个操作程序，理解工作任务及操作中的危险点和控制措施。

（2）设备和环境检查：检查电杆、拉线基础和线路设备，确保它们完好无损，满足作业条件。

（3）绝缘工具和防护用具：检查绝缘工具和防护用具的性能是否完好，并确保它们在试验周期内。

（4）高空作业安全：确保操作电工在登高过程中始终受到安全带的保护。

（5）验电安全：操作电工在验电时与邻近带电设备保持足够的安全距离。

此外，作业人员应身体健康，无妨碍作业的生理和心理障碍，经培训合格，持证上岗，应掌握紧急救护法，特别要掌握触电急救法，还应进行安全技术交底，确保每位作业人员都了解作业流程和安全措施，并严格执行工作票制度。

2. 安全措施与注意事项

在进行旁路作业时，为确保安全和避免事故，以下是必须遵守的关键点：

（1）专责监护：专责监护人不得兼做其他工作，应始终专注于监护，确保作业人员安全。

（2）现场指挥：旁路作业现场应指定专人负责指挥施工，确保现场秩序和安全措施的执行。

（3）设备检查：旁路电缆设备投运前必须进行外观检查和绝缘性能检测，以避免因设备损坏或缺陷造成事故。

（4）防护措施：敷设旁路电缆时应设置防护措施和安全围栏，防止行人和车辆造成电缆损伤。

（5）电缆固定：三相旁路电缆应正确绑扎固定，防止短路故障时电缆摆动。

（6）正确敷设：旁路电缆敷设应避免与地面摩擦，确保使用正确的方法，防止电缆损坏。

（7）绝缘检测和放电：旁路电缆设备绝缘检测后，以及拆除旁路作业设备前，都应进行整体放电，确保完全放电，防止触电伤害。

（8）负荷和相序管理：旁路作业前应确认待检修线路负荷电流，旁路作业设备投入运行前应进行核相，恢复原线路供电前也应进行核相，确保相序一致，防止过载和短路事故。

3. 作业步骤与内容

（1）开工阶段：在进行 0.4kV 旁路法带电更换低压电缆分支箱时，现场总协调人负责与设备运维管理单位联系，并在确认安全围栏、警示标志设置完善和作业人员检查周围环境后，发布开始工作的命令。

（2）安全检查：作业人员需对绝缘工具、防护用具以及旁路作业设备进行外观和绝缘性能检查，并确认待检修线路负荷电流满足要求。

（3）短时停电作业施工：旁路电缆分支箱放置在合适位置并进行电气试验，同时应急电源车进行检查和试发。敷设旁路电缆并进行绝缘检测及放电，连接旁路电缆至应急电源车和分支箱，确认分支箱刀熔闸刀处于拉开位置。启用应急电源车，检查各项指标正常后，使用相序表和核相工具确认相序一致。合上旁路电缆分支箱进线刀熔闸刀，拉开待更换分支箱刀熔闸刀并验电接地，进行绝缘隔离措施，拆下待更换分支箱电缆接头并连接至旁路电缆分支箱。确认连接无误后，合上分支箱刀熔闸刀，转移负荷，拉开待更换分支箱上级电源开关，验电接地，更换分支箱设备。确认新分支箱刀熔闸刀及上级电源开关处于拉开位置，合上新分支箱上级电源开关，拉开旁路电缆分支箱刀熔闸刀并验电接地，进行绝缘隔离，拆下旁路电缆分支箱电缆接头并连接至新分支箱，确认连接无误后合上新分支箱刀熔闸刀，转移负荷。关闭应急电源车，对旁路电缆设备进行验电并充分放电后拆除旁路设备。

（4）施工质量检查与收工：现场总协调人检查作业质量和工作现场，确保所有工作正确完成。

4. 设备示意图

（1）作业前设备图见图 2-5。

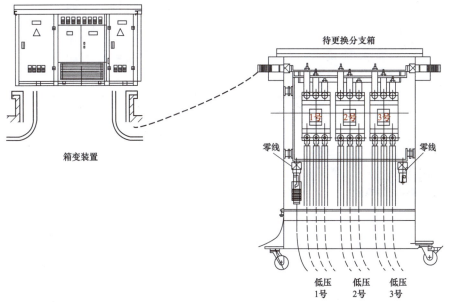

图 2-5　作业前设备图

（2）作业中设备图见图2-6。

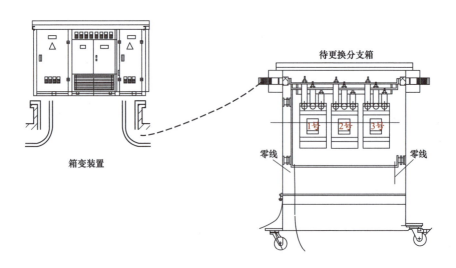

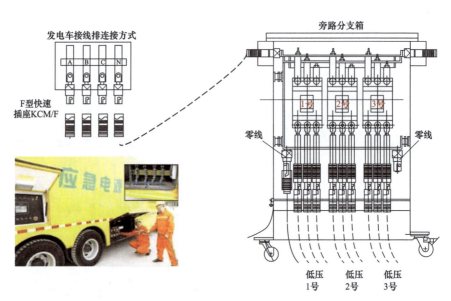

图2-6　作业中设备图

5. 作业流程图

作业流程见图2-7。

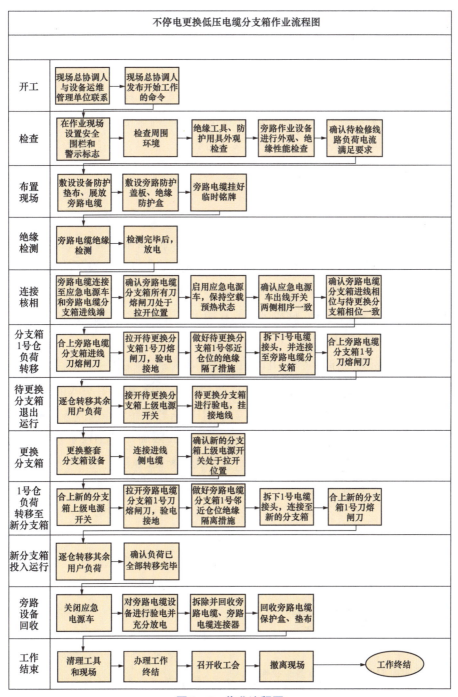

不停电更换低压电缆分支箱作业流程图

开工	现场总协调人与设备运维管理单位联系	现场总协调人发布开始工作的命令			
检查	在作业现场设置安全围栏和警示标志	检查周围环境	绝缘工具、防护用具外观检查	旁路作业设备进行外观、绝缘性能检查	确认待检修线路负荷电流满足要求
布置现场	敷设设备防护垫布、展放旁路电缆	敷设旁路防护盖板、绝缘防护盒	旁路电缆挂好临时铭牌		
绝缘检测	旁路电缆绝缘检测	检测完毕后，放电			
连接核相	旁路电缆连接至应急电源车和旁路电缆分支箱进线端	确认旁路电缆分支箱所有刀熔闸刀处于拉开位置	启用应急电源车，保持空载预热状态	确认应急电源车出线开关两侧相序一致	确认旁路电缆分支箱进线相位与待更换分支箱相位一致
分支箱1号仓负荷转移	合上旁路电缆分支箱进线刀熔闸刀	拉开待更换分支箱1号刀熔闸刀，验电接地	做好待更换分支箱1号邻近仓位的绝缘隔了措施	拆下1号电缆接头，并连接至旁路电缆分支箱	合上旁路电缆分支箱1号刀熔闸刀
待更换分支箱退出运行	逐仓转移其余用户负荷	接开待更换分支箱上级电源开关	待更换分支箱进行验电，挂接地线		
更换分支箱	更换整套分支箱设备	连接进线侧电缆	确认新的分支箱上级电源开关处于拉开位置		
1号仓负荷转移至新分支箱	合上新的分支箱上级电源开关	拉开旁路电缆分支箱1号刀熔闸刀，验电接地	做好旁路电缆分支箱1号邻近仓位绝缘隔离措施	拆下1号电缆接头，连接至新的分支箱	合上新的分支箱1号刀熔闸刀
新分支箱投入运行	逐仓转移其余用户负荷	确认负荷已全部转移完毕			
旁路设备回收	关闭应急电源车	对旁路电缆设备进行验电并充分放电	拆除并回收旁路电缆、旁路电缆连接器	回收旁路电缆保护盒、垫布	
工作结束	清理工具和现场	办理工作终结	召开收工会	撤离现场	工作终结

图 2-7　作业流程图

2.5.3 配电柜（房）作业

2.5.3.1 配电柜（房）简介

配电柜（房）是用于分配、控制和保护低压电力系统中电器设备的装置，通常用于 1000V 以下的供电配电电路中。它们对于确保电力系统的安全稳定运行至关重要，可以提高电气设备的效率和可靠性，使电力系统的管理更加科学化和便捷。其主要组成通常包括以下部分：配电柜主体、电源开关、控制元件、保护元件、仪表仪器、通信设备、电缆和接线。

1. 低压隔离开关

低压隔离开关的主要用途是隔离电源，在电气设备维护检修需要切断电源时，使之与带电部分隔离，并保持足够的安全距离，保证检修人员的人身安全。

低压隔离开关可分为不带熔断器式和带熔断器式两大类。不带熔断器式隔离开关属于无载通断电器，只能接通或开端"可忽略的"电流，起隔离电源作用；带熔断器式隔离开关具有短路保护作用。

常见的低压隔离离开关有 HD、HS 系列隔离开关，HR 系列熔断器式隔离开关，HG 系列熔断式隔离开关，HX 系列旋转式隔离开关熔断器组、抽屉式隔离开关，HH 系列封闭式开关熔断器组等。

2. 低压组合开关

组合开关（HZ 系列）又称转换开关，一般用于交流 380V、直流 220V 以下的电气线路中，供手动不频繁地接通与分断电路，以小容量感应电动机的正、反转和星－三角降压动的控制。它具有体积小、触点数量多、接线方式灵活、操作方便等特点。图 2-8 为 HZ10 系列组合开关结构图。

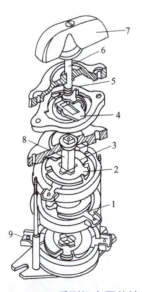

图 2-8　HZ10 系列组合开关结构图

1—静触片；2—动触片；3—绝缘垫板；4—凸轮；
5—弹簧；6—转轴；7—手柄；8—绝缘杆；9—接线柱

3. 低压熔断器

熔断器是一种最简单的保护电器，它串联于电路中，当电路发生短路或过负荷时，熔体熔断自动切断故障电路，使其他电气设备免遭损坏（见图 2-9）。低压熔断器具有结构简单，价格便宜，使用、维护方便，体积小，重量轻等优点，因而得到广泛应用。

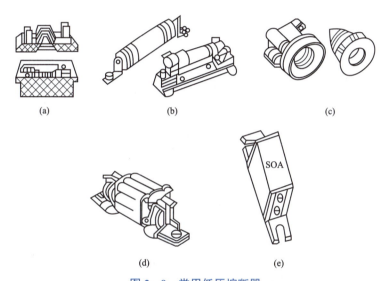

(a)　　　　　　(b)　　　　　　(c)

(d)　　　　　　(e)

图 2-9　常用低压熔断器

（a）瓷插式熔断器；（b）RM10 无填材封闭管式熔断器；（c）RL16 螺旋式熔断器；
（d）RTO 有填料封闭式熔断器；（e）RS3 快速熔断器

4. 低压断路器

低压断路器又称自动空气开关、自动开关，是低压配电网和电力拖动系统中常用的一种配电电器。低压断路器的作用是在正常情况下，不频繁地接通或开断电路；在故障情况下，切除故障电流，保护线路和电气设备。低压断路器具有操作安全、安装使用方便、分断能力较高等优点，因此，在各种低压电路中得到广泛应用。

5. 交流接触器

接触器是一种自动电磁式开关，用于远距离频繁地接通或开断交、直流主电路及大容量控制电路。接触器的主要控制对象是电动机，能完成启动、停止、正转、反转等多种控制功能，也可用于控制其他负载，如电热设备、电焊机以及电容器组等。接触器按主触点通过电流的种类，分为交流接触器和直流接触器。

6. 控制继电器

（1）热继电器。热继电器是一种电气保护元件。它是利用电流的人热效来推动动作机构使触点闭合或断开的保护电器，主要用于电动机的过载保护、断相保护、电流不平衡保护以及其他电气设备发热状态时的控制。

热继电器是根据控制箱的温度变化来控制电流流过的继电器，即利用电流的热效应动作的电器，它主要用于电动机的过载保护。热继电器由热元件、触点、动作机构、复位按钮和定值装置组成。常用的热继电器灯 JR20T、JR36、3UA 等系列。

（2）电磁式电流继电器、电压继电器及中间继电器。低压控制系统中采用的控制继电器大部分为电磁式继电器。这是因为它结构简单、价格低廉、能满足一般情况下的技术要求。图 2-10 为电磁式电流继电器的结构示意图。

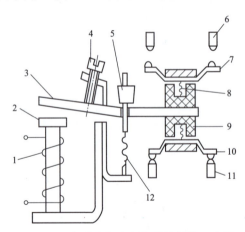

图 2-10　电磁式电流继电器的结构示意图

1—电流线圈；2—铁芯；3—衔铁；4—制动螺钉；5—反作用调节螺母；
6、11—静触点；7、10—动触点；8—触点弹簧；9—绝缘支架；12—反作用力弹簧

（3）时间继电器。当继电器的感受部分接受外界信号后，经过一段时间才使执行部分动作，这类继电器称为时间继电器。按其动作原理可分为电磁式、空气阻尼式、电动式与电子式；按延时方式可分为通电延时型与断电延时型两种。常用的有空气阻尼式、电子式和电动式。

7. 低压成套配电装置

将一个配电单元的开关电器、保护电器、测量电器和必要的辅助设备等电器元件安装在标准的柜体中，就构成了单台配电柜。将配电柜按照一定的要求和接线方式组合，并在柜顶用母线将各单台柜体的电气部分连接，则构成了成套配电装置。配电装置按电压等级高低分为高压成套配电装置和低压成套配电装置，按电气设备安装地点不同分为屋内配电装置和屋外配电装置，按组装方式不同分为装配式配电装置和成套式配电装置。

2.5.3.2　配电柜（房）带电作业简介

配电柜（房）作业是针对低压配电房内常见的柜内异物、熔丝烧断、设备损坏等问题，在低压配电房内开展不停电作业，包括配电柜消缺、配电房母排绝缘遮蔽维护、更换设备等，解决低压配电房检修造成用户大面积、长时间停电问题。具体作业项目如表 2-13 所示。

表 2-13　　　　　　　　配电柜（房）不停电作业项目

序号	作业项目	作业类别	作业方式
1	0.4kV 低压配电柜（房）带电消缺	配电柜（房）作业	绝缘手套作业法
2	0.4kV 低压配电柜（房）带电更换低压开关	配电柜（房）作业	绝缘手套作业法
3	0.4kV 低压配电柜（房）带电更换低压开关进（出）线端子	配电柜（房）作业	绝缘手套作业法
4	0.4kV 低压配电柜（房）带电加装智能配变终端	配电柜（房）作业	绝缘手套作业法
5	0.4kV 低压配电柜（房）旁路作业加装智能配变终端	配电柜（房）作业	绝缘手套作业法
6	0.4kV 低压配电柜（房）旁路作业带负荷更换插拔式低压熔断器	配电柜（房）作业	绝缘手套作业法
7	0.4kV 低压配电柜（房）带电更换刀熔式低压分支熔断器	配电柜（房）作业	绝缘手套作业法
8	0.4kV 带电更换配电柜接地线	配电柜（房）作业	绝缘手套作业法
9	0.4kV 带电更换配电柜电容器	配电柜（房）作业	绝缘手套作业法

2.5.3.3　配电柜（房）作业典型案例

案例：0.4kV 低压配电柜（房）带电加装智能配变终端

1. 基本工作要求

在进行 0.4kV 低压配电柜（房）带电加装智能配变终端作业时，工作人员需要满足以下工作要求：

（1）现场勘查：工作负责人需要组织相关人员对作业现场进行详细勘查，以评估作业条件和潜在风险。

（2）任务明确：明确检修工作的具体任务，包括需要检修的设备和预期的工作内容。

（3）设备信息：了解待检修低压配电柜（房）低压开关的型号，这对于选择合适的作业方法和安全措施至关重要。

（4）安全距离：确定设备之间的安全距离，以防止电弧和电击事故。

（5）安全工器具：准备并检查所需的安全工器具，如绝缘手套、绝缘靴、安全帽等。

（6）作业危险点：识别作业过程中可能存在的危险点，并制定相应的控制措施。

（7）无返送电确认：确保作业区域没有可能的返送电风险，这是保障作业安全的重要步骤。

（8）气象条件：了解现场的气象条件，如湿度、温度、风力等，以判断是否适合进行带电作业。

（9）操作程序：掌握整个操作程序，确保所有工作人员都了解工作任务、潜在危险点以及如何控制这些危险。

（10）工作票办理：办理低压工作票是正式的作业许可程序，确保所有安全措施和准备工作都得到记录和确认。

此外，作业人员应身体健康，无妨碍作业的生理和心理障碍，经培训合格，持证上岗，应掌握紧急救护法，特别要掌握触电急救法，还应进行安全技术交底，确保每位作业人员都了解作业流程和安全措施，并严格执行工作票制度。

2. 安全措施与注意事项

（1）专责监护：专责监护人应全神贯注于监护工作，不得同时执行其他任务，并选择便于监护的位置。

（2）现场安全：在作业现场及工具摆放位置周围设置安全围栏和警示标志，防止非作业人员和车辆进入。

（3）个人防护：作业人员在带电作业过程中应始终穿戴完整的防护用具。

（4）保持距离：作业人员应与带电体及接地体保持足够的安全距离。

（5）设备遮蔽：对作业范围内的所有带电体和接地体进行适当的遮蔽。

（6）绝缘隔离：在不同电位导线或金具附近作业时，采取绝缘隔离措施以防止短路。

（7）停电处理：即使设备突然停电，作业人员也应继续视设备为带电状态，并保持绝缘工具与接地体的安全距离。

（8）完工检查：工作结束后，检查接入回路的正确性和相关信号采集的准确性。

3. 作业步骤与内容

（1）开工阶段：在进行作业前，工作负责人首先与设备运维管理单位联系，申请工作许可，并组织召开开工会，明确发布开始工作的命令。

（2）安全检查：在作业现场，设置安全围栏和警示标志，确保作业区域的安全。作业人员需检查周围环境，并确保所有绝缘工具和防护用具数量充足且外观检测合格。同时，还需准备地市公司提供的设备 IP 地址、ID 地址和检测参数等数据，并检查主要备品备件及材料工具，清点相关图纸、技术资料和说明书

（3）加装智能配变终端（进线侧取电压，馈线侧取电流）：在施工过程中，需核对配电室名称及配电盘位置，并根据现场条件敷设安全防护栏，加装安全标志，使用特制遮蔽板对带电部位进行绝缘遮挡和隔离。控制电缆需经出线柜穿线孔由终端表至低压进线柜，并为裸露部分加装穿线管。此外，还需从进线断路器电压端子中采样电压，并从进线柜馈线端提取采样电流，电流端子一端先串入电流表再接入智能终端，另一端接入开口式电流互感器，并安装于 A、B、C 三相母线侧。断路器辅助信号取样时，控制电缆一端接入智能终端，另一端接入进线断路器辅助端子，以确保合闸信号适时上传。低压出线柜需更换数显表，并加装开口式电流互感器，二次线引出至数显表，使用 RS485 线将信号接入智能终端。无功补偿柜改造时，需断开隔离开关，拆除原柜电容器、电容控制器及连接导线，并安装智能电容器、控制器及制作连接导线，最后将信号连接至智能终端。在台区表箱进线端安装末端终端，电压信号从非金属表箱进线端提取 L、N 两相电源，并在进线电缆侧安装开口式电流互感器，信号引

至末端终端。

（4）收工阶段：工作完成后，工作负责人需检查作业质量，并在工作现场整理工器具，召开收工会进行工作总结。

2.5.4 低压用户作业

2.5.4.1 低压用户作业简介

低压用户作业是针对低压用户临时取电和电能表更换需求，在低压用户终端开展不停电作业，包括发电车低压侧临时取电、直接式或带互感器电能表更换等，解决用户停电时间长的问题，增加用户保电技术手段（见表 2-14）。

表 2-14 低压用户不停电作业项目

序号	作业项目	作业类别	作业方式
1	0.4kV 临时电源供电	低压用户作业	绝缘手套作业法
2	0.4kV 架空线路（配电箱）临时取电向配电箱（柜）供电	低压用户作业	绝缘手套作业法
3	0.4kV 带电更换带互感器的三相四线电能表	低压用户作业	绝缘手套作业法
4	0.4kV 带电更换直接式三相四线电能表	低压用户作业	绝缘手套作业法

2.5.4.2 低压用户作业典型案例

案例：0.4kV 带电更换直接式三相四线电能表

1. 基本工作要求

在进行 0.4kV 带电更换直接式三相四线电能表作业时，工作人员需要满足以下工作要求：

（1）现场勘察：工作负责人或工作票签发人需要在作业前进行现场勘察，确认施工方案，并确定作业方法及应采取的安全技术措施。

（2）危险点确认：确认作业现场是否存在其他潜在的作业危险点，并采取相应的预防措施。

（3）与客户沟通：作业人员应根据任务内容，提前与客户联系，预约现场作业时间，以确保作业的顺利进行。

（4）电能表检查：在作业前，需要检查电能表装接单与领用的电能表型号、规格、出厂编号、局号等是否相符，并检查电能表外观是否完好。

（5）办理工作票：办理低压工作票，工作票签发人或工作负责人填写工作票，并由工作票签发人签发。对于客户端工作，在公司签发人签发后还应取得客户签发人签发。

（6）掌握操作程序：作业人员需要掌握整个操作程序，理解工作任务及操作中的危险点及控制措施。

（7）安全技术措施：在进行低压带电作业时，应采取必要的安全技术措施，如使用绝缘工具、穿戴适当的防护装备、确保足够的安全距离等。

（8）作业后的检查：工作完成后，工作负责人应检查作业质量，并在工作现场整理工器具，召开收工会，进行工作总结。

此外，作业人员应身体健康，无妨碍作业的生理和心理障碍，经培训合格，持证上岗，应掌握紧急救护法，特别要掌握触电急救法，还应进行安全技术交底，确保每位作业人员都了解作业流程和安全措施，并严格执行工作票制度。

2. 安全措施与注意事项

（1）专责监护：工作监护人应专注于监护工作，不得同时执行其他任务，并选择便于监护的位置，监护范围限于一个作业点。

（2）现场安全措施：在作业现场及工具摆放位置周围设置安全围栏和标示牌，防止无关人员进入。

（3）个人防护装备：进入工作现场时，应穿戴安全帽、低压绝缘手套、防电弧手套、绝缘鞋等个人安全防护用具。

（4）验电：作业前使用低压验电器检验配电柜外壳、电能表是否有电压，确保安全。

（5）绝缘工具使用：使用绝缘工具进行作业，工具的绝缘柄和裸露的导电部位应采取绝缘包裹措施。

（6）绝缘隔离：在不同电位导线或金具附近作业时，采取绝缘隔离措施，防止相间短路和单相接地。

（7）绝缘梯安全：使用坚固完整的绝缘梯，并确保梯子有防滑措施和限高标志。人字梯应有限制开度的措施，使用时需有人扶梯，禁止移动梯子。

（8）更换电能表安全：更换电能表前，应拉开进线侧和出线侧的开关设备，并确保有防突然来电的安全措施。

3. 作业步骤与内容

（1）工具储运和检测：在进行电能表的更换作业前，先要领用并检查所需的工器具，确保其完好并安全地运输至作业现场。

（2）作业前准备工作：对作业点进行现场复勘，与设备运维管理单位履行工作许可手续，并设置安全围栏和标示牌以防止非工作人员进入。在召开班前会后，再次整理和检查工器具，并检查新电能表，进行验电确保无电压。

（3）核对并记录信息：根据装拆工作单，核对客户信息、电能表和互感器的铭牌内容以及有效检验合格标志。确认电能计量装置的封印完好，并核对现场信息与工作单是否一致。接下来，抄录电能表的当前读数并拍照留证。

（4）更换电能表：在拆除旧电能表之前，先拆下采集器的 485 线，然后拆除电能表的进、出线，并检查接线和电能表接头是否有超容量使用的痕迹。拆下旧电能表后，检查新电能表的封印、检定标记和检定证书，确保其有效。

（5）恢复电能表接线：安装新电能表，并连接其进、出线。在确认接线正确无误后，接上采集器的 485 信号线，并拆除进线侧和出线侧开关设备上的安全措施。

（6）现场通电及检查：在通电前，再次确认出线侧开关处于断开位置，然后合上进线侧开关，检查电能表工作状态是否正常。确认无误后，合上出线侧开关，确保电能表正常工作，客户可以正常用电。

（7）测量表后线的电压和相序：使用验电笔测试电能表外壳、零线端子、接地端子确保无电压，用万能表测量表后线的电压，并用相序表测量表后线的相序。

（8）实施封印：记录新装电能表的各项读数并拍照留证，对电能表、计量柜（箱）加封并记录封印编号。

（9）完工阶段：填写电能表装拆告知单并交给客户，作业完成后请客户现场签字确认。最后，清点和检查工具，确认无误后召开收工会，并向设备运维管理单位汇报工作结束。

第**3**章　提升供电可靠性的管理措施

3.1　故障停电压降与防治措施

3.1.1　故障停电责任原因分类

故障停电是指供电系统无论何种原因未能按规定程序向调度提出申请并在 6h（或按供用电合同要求的时间）前得到批准且通知主要用户的停电。故障停电按照设施分为 10（6、20）kV（以下简称 10kV）配电网设施故障、10kV及以上输变电设施故障、低压设施故障和发电设施故障四类，共 30 项。

3.1.1.1　10kV 配电网设施故障停电

10kV 配电网设施故障是指地市级电力企业管辖 10kV 配电网设施范围内故障造成的中压用户停电。其中，"10kV 配电网设施"是指由各变电站 10kV 出线间隔的穿墙套管或电缆头连接处开始，至公用配电变压器二次侧出线套管以及 10（6、20）kV 用户的电气设备，与供电企业的管界点为止范围内所构成的供电网络及其连接的中间设施。

10kV 配电网设施故障停电分为设计施工、设备原因、运行维护、外力因素、自然因素和用户影响共 6 种。

（1）设计施工。设计施工原因是指由于规划设计不周和施工安装原因造成的故障停电。

1）规划设计不周指配电网、配电网设备及其辅助设施由于规划、设计不当造成的故障停电。

2）施工安装原因是指配电网设备由于施工安装质量不良或工艺不过关等原因造成的故障停电。

（2）设备原因。设备原因是指产品质量原因和设备老化等造成的故障停电。

1）产品质量原因，是指设备本身的结构设计、制造工艺、部件材料选择等不合格造成设备投运后的故障停电。

2）设备老化，是指设备临近或超出服役期以及长期在非正常运行条件下运行等原因造成的设备老化故障停电。

（3）运行维护。运行维护是指因检修试验质量问题或运行管理不当造成的故障停电，同时也可能存在责任原因不清的情况。

1）检修试验质量原因，是指未按相关规程或规定的要求进行设备检修、调整试验，导致运行设施故障而引起的停电。

2）运行管理原因，是指设备运行管理不当或未按规程要求开展运行管理工作造成供电设施故障而引起的停电，包括误操作、反措落实不力、树线矛盾等情况。

3）责任原因不清，是指无法查明原因的故障停电。

需要说明的是，树障原因引起的跳闸停电、本企业组织或管理的工程施工导致供电设备或设施受到破坏而造成的故障停电，责任原因应属于"运行管理原因"。

（4）外力因素。外力因素是指由于人为破坏、动物因素影响、盗窃、异物短路、外部施工影响及其他外力因素造成的故障停电。

1）交通车辆破坏，是指由于供电设施受交通车辆破坏影响造成的故障停电。

2）动物因素，是指因鸟害等动物因素造成的故障停电。

3）盗窃，是指由于供电设施及其部件被盗造成的故障停电。

4）异物短路，是指高空抛物、高空坠物、风筝、空中飘浮的异物等原因造成的故障停电。

5）外部施工影响，是指非地（市）级供电企业组织和管理的施工由于管理不善，如施工机械碰撞、挖断、与运行设备安全距离不符合规程要求、施工抛物等，造成供电设施故障停电。

6）其他外力因素，是指由于火灾、枪击等其他外力因素造成的故障停电。

（5）自然因素。自然因素是指大面积的自然灾害或局部小范围的气候因素造成的故障停电。

1）自然灾害，是指台风、地震、海啸、洪水四类大面积的自然灾害造成的故障停电。

2）气候因素，是指局部小范围的天气因素（如大风、大雨、大雾、雷击、覆冰、高温、粘雪、泥石流等）造成的故障停电。

（6）用户影响。用户影响是指由于用户供电设施故障造成其他用户的停电。

需要说明的是：

1）"10kV 配电网设施故障"分类按照供电系统设施从规划设计、制造、施工安装、运行维护整个生命周期以及受外界影响的因素，设置责任原因。

2）"责任原因不清"归入"运行维护"类，目的是尽力查找故障停电原因，并填到相应的故障停电类中，减少故障原因不清的事件数量。

3）"其他外力因素"项中填报的故障事件应是有明确原因的其他类型故障，并在系统填报时说明故障原因。

4）本企业直接组织或由其管理的转包工程施工造成的故障停电，不属于"外部施工影响"，此类故障停电应属于"运行管理不当"。

5）"自然灾害"限定于台风、地震、海啸、洪水四类，其中洪水应为 30 年及以上一遇洪水。其他天气影响均填报为"气候因素"。

3.1.1.2 10kV 及以上输变电设施故障

10kV 及以上输变电设施故障是指 10kV 及以上输变电设施范围内故障造成的中压用户停电，不需要具体细分故障的责任原因（如外力破坏等），只需明确故障设施电压等级即可。10kV 及以上输变电设施故障停电按照引起故障的输变电设施电压等级和管辖关系分为 7 类。

（1）10kV 馈线系统设施故障，是指本企业管辖范围以内各电压等级变电站的 10kV 馈线系统设施故障引起的用户停电。"10kV 馈线系统"是指变电站内各 10kV 出线间隔母线侧隔离开关至穿墙套管或电缆头连接处之间的 10kV 设施。

（2）10kV 母线系统设施故障，是指本企业管辖范围以内各电压等级变电站的 10kV 母线系统设施故障引起的用户停电。"10kV 母线系统"是指变电站内除 10kV 出线间隔外的所有 10kV 设施，主要包括 10kV 母线和电容器、站用变压器、电压互感器、母线分段等间隔，以及与主变压器 10kV 套管之间的中间连接设施。

（3）35kV 设施故障，是指本企业管辖范围以内 35kV 输变电设施故障引起的用户停电。

（4）66kV 设施故障，是指本企业管辖范围以内 66kV 输变电设施故障引起的用户停电。

（5）110kV 设施故障，是指本企业管辖范围以内 110kV 输变电设施故障引起的用户停电。

（6）220kV 及以上电压等级设施故障，是指本企业管辖范围以内 220kV 及以上电压等级设施故障引起的用户停电。

（7）外部电网故障，是指本企业管辖范围以外电网设施故障引起的停电。

3.1.1.3 低压设施故障

低压设施故障是指本企业管辖低压设施故障造成的中压用户停电。这里主要统计公用配电变压器二次套管以下低压设施故障造成的中压用户停电。对于用户自管低压设施故障影响到中压系统的情况，如只影响用户自己，则不参与统计；如造成其他中压用户停电的，责任原因应按"用户影响"填报。

3.1.1.4 发电设施故障

发电设施故障是指因发电机组故障直接造成的中压用户停电，或者由于发电机组故障导致电网安全自动装置动作造成的中压用户停电。这里强调发电机组故障是中压用户停电起因。对于电网设施本身故障造成电网安全自动装置动作切负荷，不属于发电设施故障，应按照故障电网设施的电压等级和管辖关系进行填报。

3.1.2 降低故障停电时间的措施

（1）优化配电网抢修机制。开展配电网应急抢修组织管理，推进配电网运维检修和抢修服务一体化，强化备品备件管理，合理布置网格化抢修驻点，优化抢修半径，缩短抢修到场时间。建立故障抢修主配电网联动机制，提升故障快速研判和准确定位能力，加强抢修过程管控，缩短故障处理时间。对受到故障停电影响的居民小区和重要用户，应按照"先复电、后抢修"的原则，及时采用转供电、应急发电等措施，先行恢复用户供电再组织故障抢修。

（2）提高应急处置能力。组织制定各类事故应急处置预案，理顺应急处置业务流程，定期开展应急、消防、防汛等演练。加强区域协作及专业协同，开展应急抢修梯队建设，逐步构建实用、灵活、安全的应急抢险及负荷转供机制，为应急抢险提供强力支撑。

（3）安装线路故障指示器。配电线路故障指示器具备配电线路相间短路故障检测和单项接地故障检测的能力。通过安装架空线路故障指示器，线路维护人员可借助报警显示，明确故障电流来向，迅速找出并确定故障区段，缩短故障排查时间。就地型故障指示器用于缩小故障区间指示；远传型故障指示器不仅可以就地翻牌或闪光警告，还能通过通信装置将故障信息送至主站，加快故障区间判定，大大缩短故障抢修时间。

3.1.3　降低故障影响范围的措施

（1）加快配电自动化建设及应用。充分利用配电自动化技术，提高电网的快速自愈能力，在故障发生时快速隔离故障和自动恢复，实现配电网的"自动治愈"。通过安装线路故障指示器，实现 FA 故障全自动快速隔离，非故障段用户停电"零感知"。同时，优化配置自备电源、移动电源和分布式电源，增强重要负荷孤岛运行能力。

（2）优化配电网网架结构。中低压配电网网络结构与用户供电可靠性紧密相关，一旦中低压配电系统的设备发生故障，会直接造成供电系统对用户的供电中断。为了达到配电网坚强、可靠和经济等目标，中低压配电网的目标网架要求结构规范、运行灵活，具有适当的负荷转供能力和对上级电网的支撑能力，同时满足配电自动化发展需求，具有一定的自愈能力和应急处理能力，并能有效防范故障连锁扩大。

3.1.4　降低故障停电次数的措施

（1）开展设备差异化改造：

1）开展线路全绝缘化改造，按照"差异覆盖、统筹实施"原则，重点针对外破隐患高发线路、重复跳闸线路开展线路全绝缘改造，持续开展全绝缘线路、全绝缘熔丝、全绝缘杆刀调换，零星裸露点绝缘包裹、绝缘罩安装补装等。

2）落实恶劣天气抗灾措施。深入开展历史台风、冰冻等自然灾害影响分析，落实相关防灾抗灾措施，持续推进架空走廊，尤其是联络开关等重要设备周边树障修伐力度，必要时开展差异化入地工程。

3）强化线路防雷能力升级。针对近三年来雷击跳闸频繁线路，推广固定间隙过电压保护器及防雷绝缘子、架空避雷线等防雷措施。每年迎峰度夏前，开展雷击高危地区的线路接地通道缺陷隐患排查整治，安排接地电阻的复测，确保接地通道良好。

4）加大防鸟害隐患排查及治理。针对近年来鸟害、小动物影响区域逐步扩大的情况，加强驱鸟器等防小动物措施安装力度，探索经济实用的防鸟措施，推广无人机自主巡检等手段，加快鸟治理工作。

5）开展设备精益分析多维评价，以设备运行年限、缺陷库、故障情况、负荷可转供情况、网架完善程度等多个角度开展综合评价打分，应用可靠性理论评估、设备综合健康状态评估等成果，优化设备改造排序，提高资金投入效率，实施精准投资。

（2）实施精准化运维：

一是严控施工外损事件。加强流动性外损工地排摸，加装固定工地监控探头等技防措施，及时掌握电缆走向上的施工动态，确保施工外损事件逐年压降。二是加大用户故障出门管控力度。由营销部牵头开展高压用户设备状态摸排，积极推动用户内部老旧设备改造，开展用户内部典型故障专项分析，督促用户落实反故障措施。常态化开展辖区内电力客户周期性现场检查和安全用电专项督查，强化重要、重点客户电源梳理、重要负荷排查及自备应急电源管理，确保不发生因管理不到位引发的重要、重点客户内部故障。加大用户分界断路器配置应用，严控用户故障出门。三是部署配电网智能监控装置，加强对配电网设备运行状态的实时监测，利用带电检测、状态监测、视频监控、红外测温、局放检测、无人机巡检等技术实时感知设备状态，提升电网状态感知能力，提前发现设备异常，规范智能监控系统的全过程管理，确保智能监控系统运行稳定可靠，及时发现设备缺陷并推送报警信息。

3.2　预安排停电管理措施

3.2.1　预安排停电责任原因分类

预安排停电是指凡预先已做出安排，并在 6 h 前（或按供用电合同要求的时间）得到调度批准且通知主要用户的停电。预安排停电原因分为检修停电、施工停电、用户申请、调电、限电和低压作业影响 6 类，共 28 项。其中，对于检修、工程、用户申请等工作的交叉作业，预安排停电责任原因按照停电时间最长工作的类别填报。

1. 检修停电

检修停电是指按计划安排，对电网设施进行检修造成的停电，可分为计划检修和临时检修。

（1）计划检修。计划检修是指预先做出计划安排、按规定程序提出申请并在 7 日前得到批准的检修停电工作。按计划检修设施类别分为以下 8 类：

a. 10kV 配电网设施检修，是指本企业管辖范围以内的 10kV 配电网设施计划检修造成的停电。

b. 10kV 馈线系统设施检修，是指本企业管辖范围以内的各电压等级变电站的 10kV 馈线系统设施计划检修造成的停电。

c. 10kV 母线系统设施检修，是指本企业管辖范围以内的各电压等级变电站的 10kV 母线系统设施计划检修造成的停电。

d. 35kV 设施检修，是指本企业管辖范围以内的 35kV 输变电设施计划检修造成的停电。

e. 66kV 设施检修，是指本企业管辖范围以内的 66kV 输变电设施计划检修造成的停电。

f. 110kV 设施检修，是指本企业管辖范围以内的 110kV 输变电设施计划检修造成的停电。

g. 220kV 及以上电压等级设施检修，是指本企业管辖范围以内的 220kV

及以上电压等级设施计划检修造成的停电。

h. 外部电网检修停电，是指本企业管辖范围以外的电网设施计划检修造成的停电。

（2）临时检修。临时检修是指系统在运行中发现危及安全运行、必须处理的缺陷而临时安排的停电，事先无正式计划安排，但在 6h（或按供用电合同要求的时间）以前按规定程序得到批准并通知主要用户的停电工作，按临时检修设施类别分为以下 4 类：

a. 10kV 配电网设施临时检修，是指本企业管辖范围以内 10kV 配电网设施临时检修造成的停电。

b. 10kV 馈线系统设施临时检修，是指本企业管辖范围以内 10kV 馈线系统设施临时检修造成的停电。

c. 10kV 母线系统及以上电压等级设施临时检修，是指本企业管辖范围以内 10kV 母线系统及以上电压等级设施临时检修造成的停电。

d. 外部电网临时检修停电，是指本企业管辖范围以外的电网设施临时检修造成的停电。

需要说明的是：

a. 计划检修中的"10kV 配电网设施检修""10kV 馈线系统设施检修""10kV 母线系统设施检修"概念定义的分界原则与上述故障停电类一致。

b. 对一项包含不同电压等级的变电站内综合检修工作，应按照最高电压等级的责任原因类别填报。

c. 对一项包含变电和配电的综合检修工作应按照工作时间最长的工作任务类别填报。

2. 工程停电

工程停电是指按计划安排，对电网进行建设与改造工程的停电，或为配合市政工程建设施工需要电网企业管辖范围内的电力设施的停电。工程停电包括内部计划施工停电、外部电网建设施工停电、业扩工程施工停电和市政工程建设施工停电 4 类。

（1）内部计划施工停电，是指对本企业管辖范围以内电网设施进行的建设、改造，按计划安排的停电。按计划施工类别分为以下 7 类：

　　a. 10kV 配电网设施计划施工，是指本企业管辖范围以内的 10kV 配电网设施计划施工安排的停电。

　　b. 10kV 馈线系统设施计划施工，是指本企业管辖范围以内变电站的 10kV 馈线系统设施计划施工安排的停电。

　　c. 10kV 母线系统设施计划施工，是指本企业管辖范围以内 10kV 母线系统设施计划施工安排的停电。

　　d. 35kV 设施计划施工，是指本企业管辖范围以内 35kV 设施计划施工安排的停电。

　　e. 66kV 设施计划施工，是指本企业管辖范围以内 66kV 设施计划施工安排的停电。

　　f. 110kV 设施计划施工，是指本企业管辖范围以内 110kV 设施计划施工安排的停电。

　　g. 220kV 及以上电压等级设施计划施工，是指本企业管辖范围以内 220kV 及以上电压等级设施计划施工安排的停电。

　　（2）外部电网建设施工停电，是指本企业管辖范围以外电网设施计划施工安排的停电。

　　（3）业扩工程施工停电，是指本企业组织的业扩工程和用户增容工程施工安排的停电。

　　（4）市政工程建设施工停电，是指为配合市政建设需要而安排的停电。

　　需要说明的是：

　　a. 对一项综合性施工作业应按照工作时间最长的工作任务类别填报。

　　b. "内部计划施工停电"与"外部电网建设施工停电"以本企业管辖范围的电网设施为分界点。

　　c. "业扩工程施工停电"统计范围是单独开展的业扩工程施工停电或业扩工程施工时间最长的综合性施工停电。

　　3. 用户申请停电

　　用户申请停电是指由于用户本身的停电要求得到批准，且影响其他用户的计划停电，包含用户计划申请停电和用户临时申请检修停电两类。

　　（1）用户计划申请停电，是指用户设施检修、改造等工作的需要，按规定程序提出申请并在 7 日前得到批准而影响其他用户的停电。

（2）用户临时申请检修停电，是指用户设施检修、改造等工作的需要，事先无正式计划安排，但在 6h（或按供电合同要求的时间）以前按规定程序经过批准并通知其他相关主要用户的停电。

需要说明的是，用户设施是指固定资产属于用户并由用户自行运行、维护、管理的受电设施，不包含由本企业代管（运行、维护、管理）的用户设施。

4. 调电

调电是指由于检修、施工作业或故障处理而对运行方式调整造成的用户短时间的停电。

5. 限电

限电是指在电力系统计划的运行方式下，根据电力的供求关系，对求大于供的部分进行的限量供应，包含供电网限电和系统电源不足限电两类。

（1）供电网限电，是指由于供电系统本身设备容量不足，不能完成预定的计划供电而对用户的拉闸或不拉闸停电。供电系统异常原因造成的停电，不属于"供电网限电"，应将其归入故障停电。

（2）系统电源不足限电，是指因电力系统装机容量不足，由调度命令对用户以拉闸或不拉闸的停电。

需要说明的是：

a. 系统电源不足限电，仅指发电设施电源容量不足时进行的限电工作，包括发电机装机容量不足、缺煤、缺水等情况造成的限电工作，属于预安排停电性质。

b. 由于电力系统中发电机组故障而造成的未能在 6h（或按供电合同要求的时间）以前通知用户的停电，不同于因电源容量不足造成的系统电源不足限电，其停电状态为"外部故障"停电，停电责任原因应为"发电设施故障"停电。

c. 由于电力系统发电机组设施计划检修造成的电源容量不足限电停电，也应为系统电源不足限电。

6. 低压作业影响

低压作业影响是指供电企业管辖低压设施作业造成的中压用户停电。对于用户自管低压设施作业影响到中压系统的情况，如只影响用户自己，则不参与统计；如造成其他中压用户停电的，责任原因应按"用户申请"填报。

3.2.2　预安排停电压降措施

1. 加强预安排停电统筹管理

强化综合停电管理，推行各类主配网建设改造、生产检修用户接入、市政迁改、用户申请等多业务综合作业。建立预安排停电统筹平衡机制，按照"年度统筹、季度预排、月度平衡"原则，合理确定停电作业安排，做到"一停多用"，禁止"一事一停"，杜绝用户短期内重复停电。加强计划停电审核把关，按照停电影响范围、停电时长及重复停电次数建立分级审批机制，确保停电安排必要合理，从严把控临时停电审批。

2. 开展综合不停电作业

提高不停电作业在计划停电中的参与度和话语权，充分贯彻"能带电、不停电"的施工理念，在项目设计阶段，即考虑综合不停电作业方式，充分运用旁路作业、带电作业、转供电、发电车等多种不停电作业手段，提前将不停电作业费用纳入项目成本，完善停电源头管理。

3. 优化停电现场管理

如图 3-1 所示：①优化停役操作时间，以往的部分停电操作时间安排在凌晨三、四点，停电后等早上八、九点上班后再开始施工，造成无效停电时间。通过调整人员交接班时间，合理安排操作力量，可以有效减少无效停电；②落实"预到场""预汇报"制度，以往检修或施工人员完成现场作业后，再通知

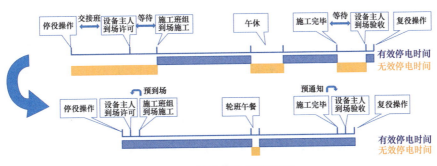

图 3-1　优化停电现场管理

设备主人现场验收，造成时间浪费，执行"预到场""预汇报"后，人员预估完工时间，提前通知或到场衔接，杜绝"施工等操作、操作等施工"的情况发生。杜绝"早停、多停、晚送"以及扩大停电范围。

3.3　高可靠性负荷转移操作措施

负荷转移操作是电力系统日常工作中最为常见和普遍的一项基本工作，同时又是一项重要和比较复杂的工作。配电网负荷转移操作作为配合电网检修、技改、用户工程和应急抢修的重要环节随着各地电网规模和容量日益扩大，高可靠性的倒闸工作措施对提升不停电作业的可靠性具有十分重大的意义。

为了保障高可靠性负荷转移操作工作的完成，相关专业管理技术人员和操作人员应从多个角度采取措施，提升倒闸操作作业的安全性、正确性、规范性。负荷转移操作中，由于操作人员需经常直接操作设备，这就要求有一套严谨周密的操作制度，确保每一个操作环节都风险可控，保障人员、设备、电网的安全稳定。

在操作作业中，各类措施的出发点均基于安全生产管理，即安全生产涉及的人员因素、设备因素、操作规程、物料使用和生产环境几大因素。在上述要求下，本章节提出几项提升作业可靠性的操作措施，涉及新技术应用、安全检查制度、专业人员队伍建设、工器具管理等几个方面，为提升操作可靠性提供提升路径和创新思路。

3.3.1　负荷转移操作流程

为保障用户供电可靠性，在进行设备检修、故障抢修等工作时需转移负荷以保证用户不停电的需求，即要求通过负荷转移操作将电气设备由一种状态转换到另一种状态或改变电力系统的运行方式。电气设备负荷转移操作是线路、站端设备的基本操作，围绕其作业方式和安全要求，电力行业已形成了一系列的标准和规定，但各地方也存在一定差异。同时，随着时代的发展和科技的进步，站端和线路设备逐步实现了综合自动化的建设和改造，设备操作方式各异，导致部分地区对倒闸操作的作业规范细节尚不明确。鉴于上述情况，需要对操作进行规范化管理，这也是确保人身、电网和设备安全的必要手段。

为了保证操作的正确性，防止误操作，操作人员在操作时必须严格执行规范化操作制度，包括操作监护制度、接发令制度、操作票制度、录音制度等（除设备运行单位批准的单人操作外，电系操作执行监护下操作，必须至少有两人执行，一人监护，一人操作）。而规范化操作涵盖了从接到调度命令开始操作前准备工作到正式操作时注意事项到操作完成汇报工作结束并将现场清理完毕撤出工作场地的全过程，可分为线路规范化操作以及站端规范化操作（见图3-2）。线路及站端规范化操作具体流程：

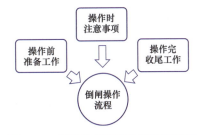

图3-2　规范化倒闸操作流程示意图

（1）出车前应根据操作内容带好各类合格的安全工器具，包括绝缘工器具、一般防护工器具、安全围栏和警示牌等。全体操作人员应正确佩戴安全帽，监护人身穿红马甲。

（2）到达操作现场后，监护人告知操作人下一步的操作项目。由操作人带路，立正地位手指铭牌高声念出，核对设备名称及编号与操作票一致。工作负责人再次核对无误后方可进行后续工作。

（3）根据现场环境放置安全围栏及警示标志。进入变、配电站必须随手关门，并按要求填写进出站登记。

（4）现场站班会。监护人面对操作人召开现场站班会（打开执法记录仪开始录像），内容包括：

1）交代操作目的、操作任务、安全措施。

2）强调操作中的危险点、注意事项（如低压线带电注意保持安全距离遮盖绝缘布、操作高压设备佩戴绝缘手套、挂设接地线与自落熔丝上桩头保持安全距离等）。

3）明确操作人员的具体分工。

4）检查安全工器具、仪表良好并在试验合格周期内。

5）监护人对操作人进行考问（只有当操作人员完全了解监护人所强调的全过程没有疑问后，站班会方可结束）。

（5）站班会结束后，监护人必须带领操作人员按操作票的操作内容对被操作设备的实际状态进行检查，把检查结果在接发令前向调度汇报。如有疑问，及时与当值调度联系。操作人员不准擅自更改操作票。

（6）模拟图预演：在站端操作时，操作人开始操作前，应先核实模拟图与目前电系实际状态相一致，在模拟图版、微机"五防"装置或微机监控装置上按操作票所列程序唱票，进行核对模拟预演，并相应翻正模拟图或自动化显示（CRT 等）标志，无误后，再进行设备操作。操作人员去现场前应充分了解操作内容、注意事项、电系情况。操作人员到达现场后，应按操作票内容检查模拟设备的实际位置，并在模拟图上操作预演和相应翻正模拟图标志。

（7）发令和接令：

1）接受调度指令时，首先应通报监护人的班组、姓名和操作地点，然后汇报当前设备实际状态。

2）监护人与调度进行接发令的过程中，操作人必须全神贯注地看着监护人手中的操作票、认真倾听监护人的复诵内容。如有疑问应及时向监护人问清楚。

3）接受操作指令后，应立即在布置人一栏记下当值调度员姓名、在"开始"栏内填写发令时间、在发令截止行序号下用符号"→"进行标记，监护人、操作人在执行人栏内签名。

（8）操作站位：

1）立正地位：操作人看清操作票中应操作的项目，走到需要操作的设备前立正，等待监护人唱票。

2）监护人站在操作人的左后方，做到两位一体。

（9）核对铭牌：当操作人、监护人站立位置正确后，由操作人手指设备铭牌进行高声唱读，监护人手拿操作票并按操作票核对设备铭牌，确认无误后讲"对！"。

（10）高声唱票：监护人按操作票上内容进行高声唱票。

（11）高声复票：看清监护人唱读的操作票内容后，手指设备铭牌进行逐字高声复诵。在对开关、闸刀等设备进行操作复诵的同时，还必须连续地做好假动作手势。

（12）允许正式操作：确认操作人的复诵及手势正确无误后，即发出"对，执行"的口令。

（13）实际操作：只有听到监护人发出"对，执行"的口令后，才能进行实际操作。

（14）线路操作中的操作及唱复票需注意以下：

1）上杆操作前，监护人和操作人应共同商讨登杆路径、操作方法、安全措施、安全注意事项，并达成共识。特别要分清有电部位，并与之保持相应的安全距离。

2）对将要在杆上连续执行几个操作步骤时，操作人员应在上杆前一次性完成唱票、复通无误后，才可登杆操作。杆上操作时，操作人应与监护人保持上下呼应。

3）杆上移位不得少于一重保护，杆上操作要采用双重保护，高架车斗内工作应使用安全腰带及保险勾。监护人必须全过程严密监护操作人的行为，及时纠正操作人的不安全动作。

4）绝缘操作杆、接地线应使用绝缘绳进行上下传递。操作高压设备应按规定使用绝缘手套。

（15）逐项勾票、记时间：每步操作内容完成后，应用红笔在已执行步骤的序号列内打上"√"记号，并记录时间。若一项操作指令中包含多个操作步骤，可只记该项操作的起始时间和结束时间（起始时间和结束时间应填在电系操作指令票的"结束"栏）。

（16）操作检查：相应操作后，应检查机构实际位置与操作内容相一致。

（17）全过程复查：操作告一段落或全部结束后，应对已操作内容进行复查，核对。

（18）汇报完成：操作完毕后，应由原受令人及时向当值调度员履行汇报手续。首先通报班组、姓名和操作地点，然后按操作顺序逐项进行汇报，并报告相关的执行时间和结束时间。在监护人向调度员汇报时，必须全神贯注地看着监护人手中的操作票，认真倾听汇报的全过程，如有疑问及时提出。

（19）收工会：监护人对当天工作进行讲评，做到"工完、料尽、场地清"。执法记录仪关闭。

（20）归档：对已执行完毕的操作票盖"已执行"章，每周统一归档至对应的操作班。

3.3.2 录音检查制度

调度操作录音，在整个电力行业中，是确保操作指令准确传达、执行无误的重要手段。通过录音，可以追溯每一次、每一个操作的具体内容和执行情况，为事故分析、责任认定提供真实可靠的依据，从而保障生产运行的安全稳定。调度操作录音制度在保障生产安全、提升工作效率、监督与考核等方面具有重要作用。同时，也是加强专业操作人员队伍建设也是确保调度操作工作顺利进行的重要保障。

3.3.2.1 录音检查制度

录音检查制度，是一种建立健全的调度操作管理制度，明确操作人员的岗位职责、操作流程、考核标准等，确保调度操作工作的规范化、制度化。同时，加强对录音制度执行情况的监督检查，确保录音资料的完整性和准确性。为调度操作队伍提供必要的技术支持，包括先进的录音设备、高效的存储和检索系统等，确保录音资料的存储安全和快速检索。它也是加强及确保高可靠性供电的必要措施，此外加强对新技术、新设备的学习和应用，不断提升调度操作队伍的技术水平和创新能力也是录音制度整体的一种拓展延续。

录音检查制度其重要性主要体现在以下几点：

1. 保障安全

调度操作录音制度，是保障操作指令正确性与完整性的必要措施，同时也是对操作人员及执行操作任务的作业人员提供了个一共必要的保障。无论是事故处理或者常规计划工作，都能通过操作录音对整个作业过程形成一个完成的流程构架。

2. 提升效率

录音制度有助于规范调度操作流程，减少因沟通不畅或指令不清导致的操作失误和重复工作。同时，通过录音资料的分析，可以总结调度操作中的经验和教训，不断优化操作流程，提升工作效率。

常规的操作录音管控流程如表 3−1 所示。

表 3-1 操作录音管理流程图

步骤	操作	说明
1	开始	按设备操作要求，开启设备
2	录音	记录操作过程
3	存储	将录音文件保存至服务器
4	管理	对录音文件进行分类、检索、删除等操作
5	回放	根据需要回放特定录音
6	结束	周期性检查录音，并进行考核，形成归档

3.3.2.2 录音存档管理

为了进一步优化录音存档管理的流程，确保数据的严谨性、安全性与高效性，我们特此制定并细化以下操作规范：

1. 数据存储与安全强化

依托内网环境，利用高规格形态稳定的内网专属硬盘对录音数据进行存储，构建起一道坚实的防线，有效抵御外部潜在的安全威胁，全力保护数据的隐私与完整性。

同时，定期实施设备维护与性能检测计划，确保存储设备始终处于最佳运行状态，从而保障录音数据的长期安全与可靠。

2. 备份策略的全面部署

为防范数据丢失或损坏等不测，需制定并执行周密的数据备份策略。无论采用自动还是手动方式，确保备份工作的及时性与准确性，为数据安全再添一层保障。

此外，备份数据将被妥善存放在另一安全且可靠的存储介质上，如备用内网服务器或符合公司严格安全标准的云存储平台，以应对各种潜在的风险与挑战。

3. 录音汇总与上传流程的精细化

严格按照既定的检查周期，对录音数据进行系统而全面的汇总与整理工作。通过精细化的操作，旨在提升数据的组织性与可访问性，为后续的检查与分析奠定坚实基础。

在上传环节，充分利用先进的文件传输技术，确保录音数据能够安全、快速地传输至指定的检查平台。这一流程的优化将大大提升工作效率与数据处理的准确性。

4. 数据保存期限的明确界定

为确保数据的合规性并满足可能的法规或业务要求，我们明确界定录音数据的保存期限为一年。在这一期限内，需采取一切必要措施确保数据的可访问性与可恢复性；超出保存期限的录音数据，需严格按照公司的数据销毁政策进行妥善处理，以确保数据的安全与合规性不受影响。

5. 录音归档管理的规范化

严格按照公司的档案管理规定与要求，对经过检查与反馈的录音数据进行科学、合理的分类归档工作。通过这一环节的实施，确保录音数据的有序存储与高效利用，为公司的业务发展与决策支持提供有力支撑。

3.3.2.3　录音检查、抽查及考核模式

为确保操作录音的准确性和合规性，应使用特定的检查表进行定期和抽查。以下是一个基本的检查表示例，可以根据实际需求进行调整：

图3-3中显示了录音检查表的样票示例，其中包括了检查日期、人员签字、录音关联的工作内容、暴露出的问题、整改意见及整改之后的反馈。

对于上传至检查平台的录音数据，应采用严格的审核标准与流程进行全面检查。确保每一份数据都应经过细致入微的审查与验证，以维护数据的准确性与合规性。

在检查过程中发现的任何问题或异常情况，应及时记录并生成详尽的反馈报告。随后，通过正式渠道向运检及安监部门人员通报反馈结果，以便迅速采取必要的措施进行整改与优化。

常规的录音检查内容包含如下重点：录音完整性、录音质量、内容准确性、合规性、时间标记、存储与备份、问题记录与跟进反馈、改进。

其相关特性分别对应检查工作中：

（1）检查录音是否完整，无遗漏或中断；检查时间标记的准确性，确保与实际操作时间一致；存储与备份。

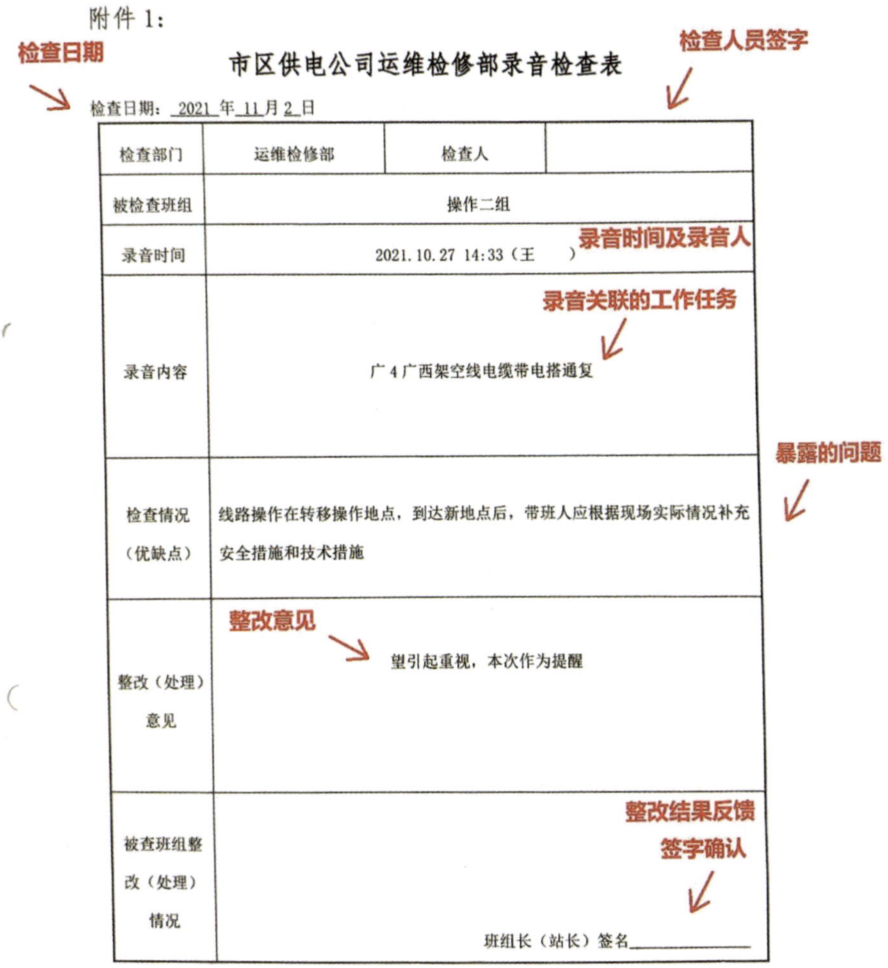

附件1：

检查日期

检查人员签字

市区供电公司运维检修部录音检查表

检查日期：__2021__年__11__月__2__日

检查部门	运维检修部	检查人	
被检查班组	操作二组		
录音时间	2021.10.27 14:33（王　　）		
录音内容	广4广西架空线电缆带电搭通复		
检查情况（优缺点）	线路操作在转移操作地点，到达新地点后，带班人应根据现场实际情况补充安全措施和技术措施		
整改（处理）意见	望引起重视，本次作为提醒		
被查班组整改（处理）情况	班组长（站长）签名_____		

录音时间及录音人

录音关联的工作任务

暴露的问题

整改意见

整改结果反馈
签字确认

图3-3 录音抽查样票图示

（2）确认录音时长与操作时间相匹配。

（3）评估录音清晰度，确保无杂音、干扰或失真。

（4）检查录音是否易于理解，包括语速、音量和发音。

（5）核对录音内容是否准确反映了实际操作过程。

（6）特别注意关键操作、异常情况及处理措施的记录。

（7）验证录音中是否包含敏感信息，如客户隐私、商业秘密等，确保符合相关法规要求；检查是否遵循了公司或行业的操作规范和标准；确认录音中是否有明确的时间标记，便于后续查找和核对；检查录音文件是否已妥善存储，并设置合理的备份策略。

（8）确保录音文件的安全性和可访问性，避免丢失或损坏；问题记录与跟进；记录检查过程中发现的问题，包括录音质量不佳、内容不准确等；制定跟进措施，确保问题得到及时解决，并防止类似问题再次发生；反馈与改进定期收集用户反馈，了解录音检查的实际效果和需求。根据反馈结果，不断优化检查表内容和检查流程，提高录音检查的效率和质量。

3.3.2.4　监督与考核

录音制度为调度操作人员的工作提供了客观的评价标准。通过定期听取录音资料，可以对操作人员的业务能力、工作态度等进行监督和考核，促进操作队伍整体素质的提升。

该录音检查制度和相应配套检查方法可依据各使用单位实际情况编制与修订。同时，在执行定期检查和抽查时，应确保操作规范、严谨，以保证录音的准确性和合规性。

3.3.3　专业操作人员队伍

专业操作人员队伍是保障高可靠性负荷转移操作的一支不可或缺的力量。具有可靠操作技能的操作人员，要求其在了解工作范围内电气设备操作方法的同时，熟悉配电网的运行方式与特点，了解各类安全工器具的特性与使用方法、范围。同时，操作人员也应掌握对工作流程的把控、作业人员的组织。在建设专业操作人员队伍方面，应健全技能人员队伍的培养、使用和评价环节。

3.3.3.1　操作人员培训

以高标准培训操作人员是保障高可靠性作业的基础，也是推动高可靠性作业在操作环节落地的重要途径。在配电网负荷转移操作培训中，主要包含操作相关应知培训和设备操作应会培训。

1. 操作人员培训方式

配电网操作人员在实际操作作业中，需要掌握现场各类安全措施的组织、操作指令相关联络、设备操作方式、故障处理流程等各类知识。由于配电网建设的建设发展流程，以及新技术、新设备的不断投入使用，操作人员需较长时间才能较好掌握相应知识。因此，对于操作人员培训应以"师徒带教"为主，在跟班工作中，不断学习、积累操作实践，并巩固掌握操作应知内容。同时，针对操作中的几类典型设备，操作人员所在班组应定期组织专项实操培训与考核，保证其实操作业的安全与规范。配电网相关技术管理部门应结合所辖地区设备情况、运行方式特点，针对负荷转移操作工作，编写专门的培训大纲、线路与站端设备认知学习资料、操作工作要点等培训资料。操作人员自身也应积极参加特种作业考核、技能等级鉴定等技能发展相关工作，提升自身素质。

2. 操作相关应知培训

（1）操作票相关工作。操作票是电系操作的依据，分为"计划内任务票"及"抢修操作票"两种。计划内依据"电系设备停役申请书"，而抢修过程中的操作票则依据现场停电情况。配电网操作票严格按照《调度操作典型步骤票写法》及各变电站《典型操作票》填写方法拟写。对于新参加操作工作人员，因其对网架结构、运行方式、设备操作方式、工作流程等了解较少，应先向其讲解设备检修工作、抢修工作与设备操作关联性，使其对操作票的使用与工作的关联建立认知。

（2）生产管理系统（PMS）应用。熟练掌握 PMS 系统是高效完成操作任务的重要一环。对于新进人员的培训，应使其依据 PMS 所提供信息，掌握对电系、电气设备位置、状态、设备元件参数等内容的查询，能够对操作前后电系的变动情况有相应了解，并逐步建立对各种运行方式的认知。

（3）线路与站端设备相关知识。配电设备因其大范围的应用且参与生产制造的厂家较为广泛，而设备投入运行的年代跨度较大，更新批次不同，详细掌握全部线路与站端设备的各类性能需投入较大精力。在培训操作人员时，需让其先熟悉各类设备的作业指导书，了解各种设备构型，掌握其主要电气性能参数，保证其在后续实操学习与实践中的作业安全，并快速融入操作环境（见图 3-4）。

（4）操作人员日常工作。操作人员

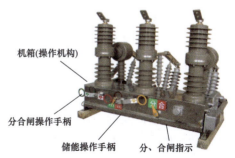

机箱(操作机构)

分合闸操作手柄

储能操作手柄　　分、合闸指示

图 3-4　某型线路负荷开关认知学习资料

的日常工作应知培训，应包括操作班组每日日常工作流程与现场操作流程。每日日常工作包括交接班规范、工器具管理规范、操作票相关工作布置、临时任务的人员车辆组织等。现场操作流程培训应包括任务前车辆与工器具配备检查、操作人员职责、工作负责人职责、站班会内容、现场安全布置方法、操作接法令方法、操作术语、各类典型状况处置原则、现场应急处置方案等。

（5）安全培训。负荷转移操作人员日常工作中需频繁接触大量各类配电设备，其安全培训是整个人员培训工作的重中之重。操作人员的安全培训需以《电力安全工作规程》为基础，并使其掌握设备五防、典型违章、操作人与监护人安全要求等知识。针对操作环节可能遇到的各类突发情况，应使其掌握现场处置方式和相关应急预案。

3. 现场实操培训

（1）线路设备实操培训。线路实操培训由于其往往结合高处作业，作业环境受天气、周围环境等影响较大，对于操作人员的实操学习与实践需稳步推进。新进人员应先获得安全监管部门考核，获得高处作业、高架作业车操作等必备资质后参与线路设备培训。其培训应先在独立、环境较为简单的模拟操作场地进行相关设备实操学习。

实操培训内容包括一般工器具的现场检查与使用、登高工器具的检查与使用、绝缘工器具的检查与使用、现场安全布置、操作术语应用、常见线路设备停复役操作等。待其熟练掌握设备操作方法与操作中遇到问题的处理方法后，再由监护人员带其进行常规的线路设备操作。

（2）站端设备实操培训。站端设备因其建设年代、供应厂商、站内设计等因素，现运行设备种类较多，操作方法各异。操作人员实操培训前，应完成相关设备的应知培训，掌握设备主要部件及性能。

实际培训中，由于设备种类较多，模拟实训场地不能覆盖各种型号的配电设备，站端的实操培训应结合日常负荷转移操作与应急抢修工作，让操作人员学习安全、规范、完整地逐步学习各类站端设备的操作方法，并逐步深入学习操作站端设备涉及的各类仪器、仪表其运行原理、性能与使用方法（见图3-5）。

（3）操作工作监护人相关工作培训。负荷转移操作工作中，一般操作人员成长为工作监护人的过程需积累一定的线路、站端设备操作经验，熟练掌握现场安全措施布置、现场工作流程、调度联络沟通方式，具备一定现场突发问题处理能力，并对配电网各类运行方式有较完善的认知。

在操作人员的培训过程中，需重点树立其安全工作意识。安全工作贯穿负荷转移操作作业始终，是维系高可靠性作业的关键。同时，在日常工作中，负荷转移操作人员应加强与其他专业班组的联系，了解其工作流程，并通过交流深入学习设备运行检修相关知识，以更好地加强对自身工作的理解，配合其他专业完成各项工作。

4. 创新工作

对于设备操作人员，应培养其发现工作中的可提升带点，积极开展创新工作的意识。对于负荷转移操作环节中引入的新装备，应对操作人员进行系统的应用培训，推动新技术在负荷转移操作和应急抢修环节落地。在设备运行中投

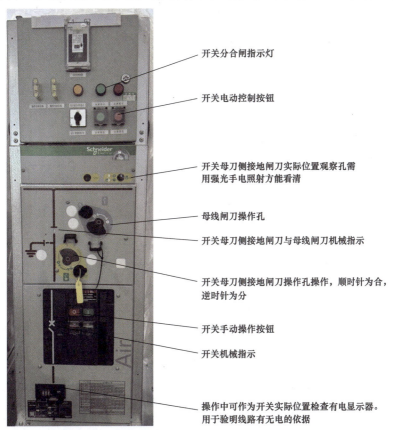

图3-5　某型号新型负荷开关作业指导书设备说明页面

入的新设备、新技术，应使操作人员熟悉新设备相关关键结构和原理，结合日常负荷转移操作，熟悉设备操作方式，并组织编写相关新设备、新技术作业指导书。

操作人员对于负荷转移操作工作中的新想法、新思路，应积极推动其以公司 QC、举手制项目等平台开展创新工作予以实践，在相应技术环节与其他专业技术人员积极合作，共同推动创新工作。

3.3.3.2 人员考核

操作人员工作资质应经过操作人员班组所在设备运维管理部门考核通过。根据安全工作规程，负荷转移操作应有一人操作，一人监护，相应的操作人员的考核则分为一般操作工作和工作监护人资质。操作人员相应考核应基于其安全技术等级，综合考虑其工作年限与工作经历，以确定其可以参加的考核等级。人员考核应制定完整的考核流程与内容，并以具有丰富经验的操作专业技术人员为基础，结合相关设备运维专业技术人员、安全监督管理技术人员，组成专业人员考核团队。

1. 一般操作人员资质考核

（1）应知考核。一般操作人员的应知考核主要关注其对职责范围内的安全工作、日常工作流程、操作票撰写、线路与站端设备相关知识、配电网各种运行方式的掌握。

（2）实操考核。一般操作人员的实操考核应选取日常工作中的常规项目。为确保安全与规范，考核项目的设定不应使用调度正式布置的正式操作，应选择相对独立、周围操作环境较好的场地进行专门的操作项目考核。

实操考核应分为工器具现场检测与使用、现场安全措施布置、线路设备操作、站端设备操作（见图 3-6）。考核内容的设定应能全流程地展现常规操作工作，参与考核人员应在有经验的工作监护人配合下进行实操考核。

操作人员应能较好地检查并使用相关工器具，熟练地依据操作环境完成基本现场安全措施布置，线路与站端设备操作符合安全工作规程，动作规范、到位，与工作监护人沟通汇报熟练使用专业术语。

参与实操考核的人员对其参与的考核项目均应合格才可通过实操项目考核。

图 3-6　操作人员线路技能考核

2. 工作监护人资质考核

（1）应知考核。工作监护人考核应在一般操作人员应知考核内容基础上，重点考核其安全工作组织、现场监护要点、常见故障处理流程、配电网运行方式改变时注意事项、突发情况处理等方面。

（2）实操考核。工作监护人实操考核应搭配具有一般操作资质人员进行。考核中，应重点考察工作监护人现场作业安全布置、危险点识别与讲解、人员组织分工、工作流程把控、调度人员联系、操作监护规范等方面。

3.3.3.3　技能比武

技能比武是检验技能人员工作能力，促进总体水平提升的重要平台。操作技能比武可由运维检修部门定期组织，协同调控中心、安全监察管理部门参与，用以考察操作人员技能规范和操作水平。考虑操作人员日常工作内容，技能比武内容主要围绕常规操作项目和配电网抢修操作两个方面。

常规操作项目主要考察操作人员安全规范、操作流程、操作规范、现场工作组织等方面，以安全合规为考察重心。配电网抢修操作比武可结合公司配电网结构，模拟事故情况，从配电网抢修操作出发，考察操作人员配合调控人员、其他专业运维检修人员完成配电网抢修作业的实践能力。配电网抢修操作比武应重点考察操作人员查找故障点的思路、故障点情况判别、对网架结构的熟悉程度、PMS 系统操作的熟练程度、配合其他专业完成抢修操作的协调能力等方面。

技能比武后，应对参加技能比武人员按比武成绩，依照既定方案给予奖励激励（见表 3-2）。同时，应根据技能比武中发现待优化、提升的技术环节进行总结性点评，补齐技能短板，不断提高技能人员实践能力。

表 3-2　　　　　　　线路设备规范化操作比武评分标准示例

线路规范化操作停役评分标准				
编号：		部门：	操作人：	得分：
现场操作（操作前）				扣分
填写操作票	1	操作票内容不正确		10
	2	操作术语不标准		5
	3	操作票填写格式不正确		5
	4	操作票有涂改		5
	5	核对设备地点、设备铭牌未唱读		5
	6	未核对设备状态与操作内容一致		5
现场操作（操作中）				
实际操作不标准	7	未检查工器具（绝缘手套、绝缘布、操作棒、竹梯、绳索、低压验电笔、红白带、标示牌、罩、安全带、登高板）（试登、试拉、表面检查）		1 分共 10 分
	8	未做安全措施（围红白带）		5
	9	未核对设备铭牌		5
	10	操作人手不指设备铭牌唱票		5
	11	进入高架车操作斗未先挂保险钩、未进行操作机构校验		10
	12	安全带使用不当		5
	13	绳索使用不当		5
	14	拉开电网闸刀未关箱门		5
	15	操作后不检查设备状态		5

续表

现场操作（操作前）			扣分
实际操作不标准	16	未挂标示牌、未关箱门	5
	17	高架车操作不当	5
	18	穿越低压线档不遮绝缘布	5
	19	10kV 熔丝操作方法不当	5
	20	操作工具传递方法不当	5
	21	操作后不检查设备状态	5
	22	未验电、放电	5
	23	接地线接法不标准	5
	24	接地线桩头接法不标准	5
	25	未报接地线编号	5
现场操作（操作后）			
汇报不标准	26	未进行全过程检查	5
	27	未清点工具	5
	28	汇报时间不标准	5

考评人：

在比武项目中，应适时加入新设备、新装备、新技术的应用，以比促练，考察操作人员对新技术掌握情况的同时带动操作人员更多地投入新技术的实践。

3.3.3.4　事故处理预演

配电网事故处理的效率直接决定了配电网供电可靠性，是负荷转移操作环节保障高可靠性配电网运行重要支撑。配电网事故处理作为操作人员日常工作的重要一环，其处理方式需遵守相应的事故处理原则。

1. 事故处理一般原则

（1）操作人员责任范围内的事故处理，应遵循尽快查明事故地点和原因、清除事故隐患、尽量缩小事故停电范围、减少事故损失、迅速恢复供电的原则。

（2）操作人员收到调控人员故障或异常巡查和处理指示后，应根据现有信息，在生产管理系统中查询关联的关键设备和网架资料，并根据保护动作情况、故障指示器信息等制定巡视路线。

（3）操作人员出发处理事故前，应对可能的事故和异常及涉及设备有一定预想，并做好相应工作车辆、工器具的准备与检查。

（4）操作人员对有明确指示的故障和异常点应尽快到达现场，并对相关联设备进行详细检查。对于无明确指示的故障和异常，需对所设范围内设备进行详细检查。

（5）操作人员发现故障或异常点后，应立即向调控人员汇报，并等待后续操作指令。遇有紧急情况，应在保障安全情况下，做好应急安全措施，防止行人等接近故障导线和设备。

（6）抢修操作过程中，应严格遵守操作相关安全与流程规定，做好完备的安全防护措施。

2. 用户故障处理

（1）事故抢修中涉及用户端停电的，应先根据指示，通知用户运维人员将设备进行隔离操作。具体操作环节，需根据相关规定明确电网与用户分界点和涉及设备操作权限，不可私自操作权限外设备。

（2）处理用户端停电时，可联络用电监察人员协同处理。

3. 事故处理中与专业班组配合

事故处理中，操作人员作为调控人员在现场的"眼"和"手"，应积极获取故障和异常相关信息。在事故处理过程中，专业班组如有设备检修、更换等处理需求，应根据调度指令，配合其安全措施布置工作。

4. 事故预案

事故预案编写需操作人员应根据工作经验，结合配电网设备与现有工器具配备，定期制定及更新相应事故预案。事故预案中应包含：

（1）事故可能发生的地点；

（2）事故发生地点可能涉及的设备；

（3）涉及设备可能发生的故障和异常；

（4）常见故障和异常的处理措施，不明确故障和异常的巡视路线；

（5）处理过程中涉及的危险点和安全注意事项；

（6）事故处理的人员组织、车辆和工器具准备；

（7）现场特殊情况涉及的专业管理人员、技术人员的联络方式。

由于操作人员负责配电网区域所含设备及相应运行方式各有不同，可选取覆盖面较广、涉及设备类型较多的馈线和包含设备进行事故预案准备。新编制的事故预案，应交由专业技术管理人员审核。

对于事故预案展现方式，可采用文字叙述、分类表格、流程图（见图3-7）等方式。

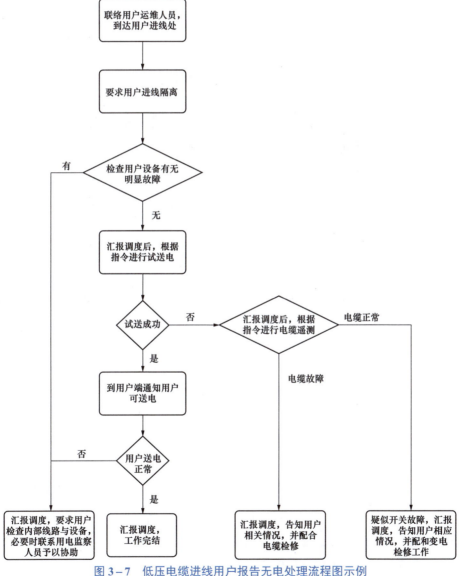

图3-7 低压电缆进线用户报告无电处理流程图示例

5. 事故预案演练

操作人员应定期进行事故预案演习。演练时，依据事故预案，进行事故信息接收，事故处理准备，模拟事故处理等环节的演练。在演练中注意记录演练中发现的问题，并在演练后予以总结，对相应事故预案进行修订改进（见图 3−8）。

图 3−8   事故预案推演分析

3.3.3.5   高标准操作人员队伍建设的意义

高标准建设专业操作人员队伍，是开展高可靠性不停电作业的有力保障。操作人员队伍需从培训抓起，不断充实配电网操作、运行、抢修理论知识，将创新工作思维融入日常工作。扎实把关操作人员资质提升与考核，定期开展技能比武和事故预案的编写演练，推进操作人员队伍走向专业化、精细化、规范化，保障操作环节的安全可靠。

3.3.4   工器具管理

电力安全工器具是用于防止作业人员触电、灼伤、坠落、摔跌等事故，保障工作人员人身安全的各种专用工具和器具。可靠安全工器具是可靠操作、可靠电网的前提条件。安全工器具的购置、验收、试验、使用、保管、报废均应严格遵照电力安全工器具管理的相关规定。本章节将列举电网操作常用安全工器具，并介绍供电公司班组的安全工器具管理措施。

　　操作班组常用工器具按照用途可大致分为登高工器具与绝缘工器具。

3.3.4.1　登高工器具

　　登高工具是指作业人员在登高作业时所需要的工具和装备，登高工器具包括登高板、牛皮带、脚扣、登高车辆用腰带（见图3-9）。

(a) 登高板　　　　　　　　　　　(b) 牛皮带

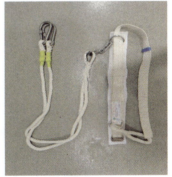

(c) 脚扣　　　　　　　　　　　(d) 登高车辆用安全带

图3-9　常见登高工器具示例

　　1. 登高板

　　登高板是一种基础登高工具，由踏脚板、棕绳、铁钩组成，两块登高板为一副。踏脚板由坚硬的木板制作，棕绳扎在踏脚板两段绳槽内，另一头嵌入铁钩。绳的长度和人身高接近，杆上可通过打结自行调节长度。登高板适用于杆上导线、抱箍、通信线路、路灯架较多的电杆攀登，使用时一般与牛皮带、梯子配合使用。

登高板使用前应进行外观检查，踏脚板无变形、裂纹。棕绳完好，无断股、松股。铁钩钩头应完好，无裂纹。登高板正式上杆前应在低处进行试登，作业人员双脚站在登高板上用力蹬踏，确认无误后方可继续登杆。

试验周期：半年。

2. 牛皮带

牛皮带由腰带、围杆带、保险绳扣组成。用于杆上定点作业围杆、保险扣双重保护，以及转移作业位置时保险扣防坠保护。一般可与登高板、脚扣配合使用。牛皮带的腰带、围杆带、保险绳应有足够机械强度，选用的材质应有耐磨性，保险扣应有防脱装置，保险绳大于 3m 时应加缓冲器。使用牛皮带前应做外观检查，组件完整、无短缺、无破损。金属配件无裂纹、焊接无缺陷、无严重锈蚀。保险扣防脱装置完整可靠，挂钩钩舌平整无错位。使用时安全带应系在牢固构件上，不得系挂在移动或不牢固物件上。不得系挂在棱角锋利处，使用时应高挂低用，杆塔上转移作业时，不得失去一重保护。

试验周期：与一般安全带不同，牛皮带的试验周期为半年。

3. 脚扣

脚扣是最轻便的登高工具，分为左右两个脚扣为一副，脚扣具备调节方便、登杆快速的特点，适用于空杆或杆上构件较少的电杆，与安全带、牛皮带配合使用。脚扣使用前应进行外观检查，检查金属部件及焊接部位无裂纹及变形，橡胶防滑块完好，无破损脱落。伸缩调节部件应灵活，无卡顿。正式登杆前应在低处进行试登，确认无误后方可继续登杆。登杆时应保持脚背处系带系牢，防止在登杆以及调整脚扣时，脚扣从高处掉落。

试验周期：半年。

4. 登高车辆用安全带

登高车辆用安全带由腰围带和保险扣组成，相比牛皮带和安全带少了围杆部分，一般用于绝缘斗臂车作业。其余要求与牛皮带类似，此部分不再赘述。

试验周期：半年。

3.3.4.2　绝缘工器具

目前的配电网负荷转移操作一般采用地电位作业方式，即作业人员处于地电位，通过使用绝缘工器具，保持作业人员对带电体绝缘，进行带电设备进行负荷转移操作。配电网操作常见绝缘工器具有绝缘手套、绝缘靴、各类绝缘操作杆、验电笔、室内外接地线、放电棒、一次核相器。

1. 绝缘操作杆

绝缘操作杆又称令克棒［见图 3 – 10（a）］，主要适用于电网操作中自落熔丝操作、柱上负荷开关、柱上断路器以及部分闸刀操作，有可靠的机械强度和绝缘性能，是操作中常用的绝缘安全工器具之一。其适用温度为 –40℃～70℃，相对湿度 20%～70%。绝缘操作杆种类较多，除了普通绝缘操作杆外，还有雨天绝缘操作杆、四位置负荷开关绝缘操作杆、全绝缘熔丝操作杆，分别用于雨天室外高压操作、美式箱变操作、EC – 10 以及 EC – 11 全绝缘熔丝操作。在使用绝缘杆之前，应确保杆身完好无损。如有损坏或腐蚀，应及时更换。使用绝缘杆时，应确保杆身干净和干燥，以确保良好的绝缘性能。如有污染或潮湿，应及时进行清洁和干燥处理。在使用绝缘杆时，操作人员必须佩戴绝缘手套和绝缘靴，以提供辅助保护。当使用绝缘杆进行操作时，作业人员自身要与带电部位保持安全距离，手握部位必须有足够的绝缘有效距离。

绝缘操作杆的试验周期为一年。

2. 验电笔

电网操作中验电笔一般指 10kV 及以上电压等级验电器［见图 3 – 10（b）］。

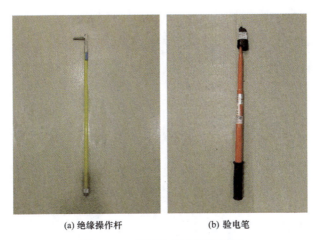

(a) 绝缘操作杆　　　　　　(b) 验电笔

图 3 – 10　绝缘安全工器具示例

使用前，按被测设备的电压等级选取同等电压等级的接触式声光验电器。

验电时应戴绝缘手套，穿绝缘鞋并设专人监护。检查验电器绝缘杆部分外观完好，按下验电器头子的测试按钮，确认声光发生器良好，操作人握验电器绝缘杆护环部位以下，对停电设备验电前后应在相同电压等级带电设备上验电确认验电器良好，不具备周围有带电设备的条件下，可使用高压发生器测试验电器好。验电时要先验近处后验远处，先验下层线路后验上层线路，先验低压后验高压。

验电笔试验周期为一年。

3. 绝缘手套

绝缘手套是一种辅助绝缘安全工器具（见图 3-11），也是最常用的绝缘安全工器具，为了进一步确保处于地电位的作业人员与带电部位保持绝缘，在使用绝缘操作杆和验电放电挂设接地线以及各类需高压配电柜手动操作均要配合绝缘手套进行。绝缘手套使用前应做仔细检查，核对电压等级是否匹配，试验标签是否符合要求，外观确保无破损、裂纹、油污，手套内部干燥，鼓气试验无漏气后方可佩戴。佩戴时应确保全棉工作服袖口应与手一同穿入手套内。绝缘手套仅在倒闸操作时使用，不得在登杆或上下吊物及接触锐器时使用。使用后须在保存在干燥通风阴凉的环境下，并避免与酸、碱、油类、腐蚀类物质接触。

绝缘手套试验周期为半年。

(a) 绝缘手套　　　　　　　　　　　(b) 绝缘靴

图 3-11　辅助绝缘安全工器具

4. 绝缘靴

绝缘靴与绝缘手套一样，是一种辅助绝缘安全工器具（见图 3 – 11）。绝缘手套是进一步确保作业人员与带电部位绝缘，而绝缘靴则是提供作业人员与大地绝缘，与其他绝缘工器具配合增加整个回路的绝缘强度。其余要求和绝缘手套类似，此处不再作赘述。

绝缘靴试验周期为半年。

5. 接地线

接地线用于电网设备由其他状态改检修状态，是保护检修人员的一道安全屏障，可防止突然来电对人体的伤害，将电流引入大地（见图 3 – 12）。接地线由绝缘操作杆、导线夹、短路线、接地线、接地端子、汇流夹、接地夹构成。接地线的短路线与接地线采用多股软铜线绞合而成，并外覆柔软、耐高温的透明绝缘护层，可以防止使用中对接地铜线的磨损，确保作业人员在操作中的安全。金属夹具有足够的机械强度，防止经过大电流时不会松脱。挂设接地线前应确保线路或设备确已停电，用经确认良好的相应电压等级验电笔验明无电，并经充分放电后，方可挂设接地线，挂设时应先挂进出后挂远处，先挂下层线路后挂上层线路，先挂低压后挂高压，拆接地线时顺序与此相反。接地线挂好后再次确认接地通道良好。

接地线试验周期为 5 年。

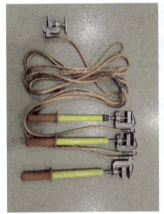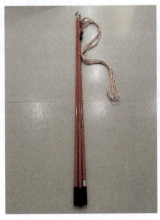

图 3 – 12　室内外接地线与放电棒

6. 放电棒

放电棒主要适用于输配电网对已停电设备及经电气试验设备的放电，防止剩余电荷释放伤人，常见于挂设接地线之前或遥测电缆或变压器绝缘前后（见图3－11）。放电棒由绝缘操作杆、导线钩，接地线、接地端子，接地夹组成。放电前必须用验电笔确认无电，放电棒接地通道良好，放电要充分，将剩余电荷释放充分后方可结束放电。放电顺序与挂设接地线顺序相同。

放电棒试验周期为5年。

7. 一次核相器

一次核相器用于高压线路或设备开口点相位核对，为电网是否达到并网条件提供判据（见图3－13）。一套核相器由绝缘操作杆、采集头X、采集头Y、信号接收器组成。核相前应选择相应电压等级、经试验合格的核相器，作业人员核相时必须戴绝缘手套，手握在核相器绝缘操作杆护环以下部位，通过绝缘操作杆将核相器X头、核相器Y头分别搭在开口点两侧，逐相依次核相，通过接收器比对开口电压判断是否存在相位差。

核相器绝缘操作杆试验周期为1年。

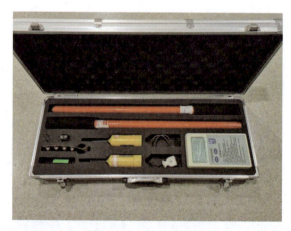

图3－13　10kV核相器

3.3.4.3　安全工器具管理

安全工器具使用和管理责任班组应建立相应管理制度，以下给出示例性管理规定，并给出一些班组安全工器具管理方面的经验与建议。

班组工器具管理规定：

（1）执行上级工器具管理制度，组织班组成员参加工器具使用的培训，明确工器具管理的专（兼）责人。

（2）建立工器具管理台账，做账、卡、物相符。

（3）对岗位员工进行安全培训，严格执行操作规定，正确使用工器具。不熟悉使用操作方法的人员不得使用工器具。

（4）每月对工器具全面检查一次，并做好记录。

（5）常用电力安全器具必须放置在易取得的地方，并标明名称、型号、规格、使用方法等。

（6）非常用电力安全器具必须存放在专用仓库或柜子中，并进行定期检查和保养。

（7）电力安全器具的使用人员必须经过合格培训并持有相应的证书。

（8）电力安全器具的使用人员必须严格按照操作规程进行使用，禁止随意操作和更改。

（9）出现电力安全器具损坏或失效的情况，必须立即停止使用，并进行修理或更换。

（10）电力安全器具必须定期进行检测和校准，确保其功能正常。

3.3.4.4　班组安全工器具管理建议

（1）放置常用安全工器具的工具间应有平面布置图，并贴于工具间门口显眼处。货架上每层工器具名称及数量均作统计，及时更新。

（2）严格把控交接班过程中工器具交接，交接班双方要在录音和交接本上明确体现接地线、保安锁数量，如有缺失或损坏要及时增补替换（见图 3－14）。

（3）使用现代化库房和智能柜，严格控制工器具湿度温度，合理分类布置工器具摆放位置，保证工器具的使用寿命，定期自查工器具，核对各类工器具数量，按期送检电试安全工器具。不合格工器具及时报废处理，并且不得与合格品摆放在一起。

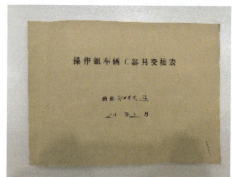

图 3-14　班组安全工器具管理台账示例

3.4　预算式供电可靠性管理

预算式供电可靠性管理指的是企业在明确规定的期限内根据企业实际情况科学、客观地制定供电可靠性目标，并将目标转化为停电时户数预算，通过时户数预算分解、过程督促检查、评估考核等措施，自上而下地保证供电可靠性目标实现的一种管理方法。本章主要介绍预算式供电可靠性管理的流程和作用、供电可靠性目标值的制定、预安排停电"四控"管理等内容。

3.4.1　预算式供电可靠性管理简介

基于供电可靠性统计的管理模式只能在停电后进行统计分析,难以对可靠性管理过程进行引领指导,保证可靠性目标实现。以可靠性预测为基础的预算管理模式,对各责任部门进行全年停电时户数预算分配,按年、季、月、周对各部门时户数余额进行计算与考核,细化落实过程小指标量化管理,实现停电事件全过程量化管理,做到时户数消耗的"来龙去脉"心中有数,满足管理人员对可靠性事件的在线监控,实现对于可靠性事件的过程管控,形成一套行之有效的时户数管理流程,确保时户数消耗可实时"查缺堵漏""开源节流",厘清可靠性管理层次,增强各级部门执行力,保证可靠性目标实现。

预算式供电可靠性管理分为以下几个环节。

(一)预算制定

供电可靠性预算管理基于停电时户数预测开展,供电企业根据合理的发展规划,结合年度施工检修项目计划安排、电网转供能力、不停电作业能力、自动化及运维管控水平提升情况,确定合理的可靠性目标指标数据,依据供电可靠性评价指标的计算公式,并根据等效用户数等参数,倒推计算出允许的停电时户数限值,明确年度停电时户数预控目标,将预控目标层层分解、逐级落实。供电企业可靠性归口管理部门于每年 11 月,完成次年供电可靠性预测,制定年度停电时户总体预算。每年 12 月底前,完成各级单位及专业部门停电时户分配,经讨论通过,报公司领导审批后执行。

停电预测主要涉及基础数据预测、预安排停电时户数预测和故障停电时户数预测。

1. 基础数据预测

基础数据预测主要涉及线路的变化和用户的变化,其中最主要的是用户数量的变化情况,用户数量的变化涉及等效用户数。基础数据的预测主要从以下两个方面入手:

(1)掌握配电网改造的进度计划,考虑市政工程和外部工程施工的影响,了解新建改造配电线路和公变台区的施工情况,同时结合年度及月度停电计划的安排，预测每月配电线路长度和公用用户数量的变化。

（2）深入了解业扩报装工程的进度，预测由于业扩工程引起的配电线路长度变化和专变用户数量和容量的变化情况。因部分业扩工程计划不可预知，在开展专变用户数变化年度预测时还应结合历史三年专变用户数变化率对预测值进行修正。

在进行等效用户数预测时，可使用下面这种较为简便的方法：

等效用户数≈（期初用户数＋期末预计用户数）/2

注意：在预测月度指标时，期初用户数用的是上月末的实际用户数；在预测累计指标时，期初用户用的是上年末的实际用户数。期末预计用户数是上月末的实际用户数和本月预计新增用户数之和。

2. 预安排停电时户数预测

年度预安排停电预测主要依据年度生产工作计划安排情况，尤其是对重点工程计划安排、检修工作安排的总体分析，并与历史五年各月预安排工作（包括临时停电计划）情况的平均增长情况做对比，然后再进行指标预测。月度预安排预测主要以月度停电计划开展。

预安排停电预测主要是停电范围和停电时间的预测，其中停电范围主要根据停电计划安排上的停电范围，由于配电网工作的特殊性，同时考虑 35kV 及以上输变电系统的影响。停电时间的确定主要依据停电计划安排上的停电时间，但根据计划安排管理水平不同，经常需要针对具体工作进一步测算更为精确的停电时间，要求可靠性专责要熟悉设备检修方面的内容，并参与停电计划的讨论和审批。

3. 故障停电时户数预测

依据网架优化完善、转供能力提升、自动化配置及应用水平、运维水平提升等各方面因素，结合近年故障停电压降幅度，区域故障类型、故障发生特点以及对前五年各月故障停电分布平均情况进行故障停电时户数预测。

（二）预算分解

得到年度停电时户数预算值后，根据预安排停电工作和故障发生的一般规律设定每月工作权重，把目标指标层层分解到责任单位或部门，并按时序分解到季度、月度，分解目标的步骤如下：

（1）月度分解，即根据年度停电检修计划和故障预测，将指标值分解到具体月份。

（2）管理单位分解。即根据各管理单位线路及设备数量、用户数量、技术装备水平，可靠性管理水平差异等，将单位指标值分解到各管理单位。根据各单位具体管理模式，也可按供电所、变电站、配电线路等不同划分原则对供电可靠性指标值进行分解，分解方法同上。

通过分解，使供电可靠性指标具体化、明晰化，使得供电可靠性管理工作得到科学开展。基层供电单位在控制本单位供电可靠性指标值时，应坚持"先算后干"的原则，具体分析预安排停电及故障停电消耗的停电时户数及用户停电频率，在允许的范围内合理安排工作，确保分解目标的实现。

（3）各单位在接到具体分解指标任务后，可按月、周、日等不同维度制定指标完成量，真正做到指标预控管理，确保年度总目标的完成。

（三）过程管控

严格预控指标执行过程刚性管控，建立动态跟踪、定期分析、超标预警、分解审批等工作机制，按日统计通报停电时户数消耗与余额情况，强化停电计划执行情况预警、督办，确保预控目标实现。

1. 源头管控

强化预算源头管控，根据预控目标和停电时户数消耗情况，按照"先算后报、先算后停"的原则，统筹确定季度、月度停电计划安排，明确停电时户数消耗限值。

在项目设计阶段，应考虑不停电作业方式，合理安排现场施工方案，并估算停电影响。在各类项目方案编制阶段，应充分勘查现场，开展不停电作业评估，充分考虑开展不停电作业的可能性。针对未充分勘查现场，未将具备条件的带电作业工作内容纳入施工方案的，原则上不得实施。

2. 提前预控

各基层单位应建立完善停电时户预控工作机制，针对每项涉及停电的工程、检修项目，均应开展停电影响范围预测，针对影响停电范围的因素应逐项分析，有效落实管控措施，减少停电影响。

各专业部门每月 15 日前，应预估下月各类项目停电时户影响，并报生产计划会讨论。每周周五前（遇节假日提前报送），预测下周计划停电预算情况，报送可靠性归口管理部门汇总，提前预测停电影响。

3. 现场跟踪

建立现场工作跟踪分析工作机制，及时总结现场工作情况，合理安排预控措施，确保各项措施准确落地。

4. 越限审核

制定月度生产计划时，应对消耗时户数进行评估。针对预测消耗时户数大于单体工作时户数限值的计划工作，应逐一说明未采取不停电作业的原因，并要求主管领导审批。预测消耗时户数过大的计划工作要求公司生产副总审批。

（四）定期分析

建立完善日管控－周更新－月分析的三级管理制度，在规定的时间内及时报送影响可靠性的事件、时户数消耗、时户数预测、部门消耗及预算结余情况。

可靠性归口管理部门应按月、按季、按年开展停电时户及可靠性数据诊断分析，总结评价可靠性指标变化情况，动态调整剩余预算分解，分析影响停电影响的主要因素，制定落实改进措施。

3.4.2 供电可靠性目标的制定

在制定供电可靠性目标时需要重点考虑以下问题：

1. 电网结构

地区政治经济地位和电网投资等的差异，造成电力企业电网结构的不同。电网结构不同电网运行方式灵活性则表现出较大差异。例如，当系统中一台设备进行检修或发生故障时，电网结构的强弱可能就会造成不同的结果，那么对电力可靠性指标也将产生不同的影响。因此，在某种意义上，一个企业的电网结构决定了该企业的可靠性水平。

2. 设备的质量与寿命

设备的质量高低、运行年限是决定故障发生频率及供电可靠率的重要因素，因此，在制定可靠性目标时必须考虑该单位电力设施的技术性能、制造安装质量等因素。制定可靠性目标时应当高度重视设备的质量和寿命，这样制定出来的可靠性目标才具备客观性。

3. 综合管理水平

综合停电计划的科学合理安排是目标确定过程中的重要因素，优良的设备与完善的网架是提高电力可靠性的坚实基础，电网规划设计、物资采购、基建施工、生产运行等环节的工作质量提高与管理水平提升，可进一步促进可靠性水平的提升，因此，提高计划停电安排的合理性，提高设备运行和操作维护能力水平、检修质量与试验水平、带电作业水平和故障停电处置能力等，可有效减少电力设施停电时间，提高电力可靠性水平。

4. 环境影响

这里主要指电力企业所处地理环境的影响，如高山丘陵地区、易发生泥石流和雷电天气地区，电力可靠性水平就会受到很大程度的限制。

5. 负荷情况

电网负荷分布不均、负载率高，都会造成系统中部分设备满负荷运行或过负荷运行。这种负荷运行情况不但影响该部分设备持续安全稳定运行，而且会降低该部分设备可靠性水平，因此制定可靠性目标时，在考虑电网目前的负荷状况的同时，应关注负荷增长速度情况。

6. 历史指标水平

可靠性历史指标水平真实体现了该单位电力可靠性综合管理水平。因此，在制定下年度可靠性目标时，要参考当年和往年可靠性指标完成情况、变化趋势与变化幅度。

7. 上级单位分解目标

上级单位分解至本企业的目标指标值，原则上要求按期限完成。因此制定本企业电力可靠性目标值时，必须以上级单位分解指标为基础。

8. 可靠性预测

电网的可靠性水平与当前的网络结构、设备运行状态、设备可靠性性能密切相关。因此，可基于电力系统可靠性理论，考虑网络结构、设备运行状态、设备可靠性的预计影响，结合未来电网改造方案、运行方式等，对各级配电网可靠性指标进行科学预测。

3.4.3　预安排停电时户数"四控"管理

以"四控"全方位进行治理，通过把控全年停电总量、严守项目停电源头、灵活运用施工方式、优化停电现场管理，实现了计划停电时户数的大幅压降。

1. "预算式"把控全年停电总量

按照当年的供电可靠性目标，明确全年停电影响时户的总控限额，按照全年计划安排和历年的停电规律，将停电时户按照工作类型、部门、和月份进行预安排。同时在综合生产计划安排中结合设备常检、用户内部工作来避免用户及电网设备重复停电，严格管控三个月内重复停役的配电网设备计划申报。在实施过程中，对停电预算消耗使用情况进行日管控、周分析和月回顾，确保停电时户精益压降。

2. 严控项目源头

带电作业室提前介入项目前期设计与停电计划安排阶段，针对每起项目制定不停电作业方案，常态化开展计划停电"月预测"和"周预测"，实行基于停电预测的计划会签制度，大时户项目需各级领导审批，确保停电影响最小、施工方案最优后方可实施。对电网风险辨识不足、时户数消耗预测不充分的工作不予安排，刚性管控。

3. 全链条变革施工方式

积极运用带电作业、负荷转移、旁路作业、应急发电等多种方式开展综合不停电作业。针对线路迁改工程、架空线入地工程等大型工程项目，按照"先立、再割、后拆"作业方式，"化大为小""化整为零"，将停电影响切割至最小范围。全面应用"小型化旁路作业""低压旁路作业""发电车转供"等施工方式，通过作业方案优化大幅压降时户数。

同时细化梳理"小范围、短时长"计划停电项目，研究停电"微感知""零感知"典型作业模式，针对每种计划停电典型作业方案，匹配相应不停电作业手段，深化负荷转移、发电车转供、带电作业等技术应用，加大"小零散"停电时户压降力度。

4. 优化停电现场管理

执行停电现场"预到场""预汇报""跟班操作"模式，优化停电许可、施工、汇报等环节的衔接，紧密配合，有效压缩"无效停电冗余"。

第 4 章　提升供电可靠性的不停电作业创新技术

供电可靠性作为一项重要的电能指标，直接关系到电能质量与用户用电体验，国网上海市电力公司市区供电公司通过自主研发、合作改进等方式，研制了一系列提高供电可靠性的创新技术。这些创新技术的应用不仅提高了电网的运维效率和质量，还为广大人民群众的生产生活用电提供了更加稳定、可靠的电力保障。随着科技的进步和需求的增加，未来还将有更多创新设备涌现并应用于电网运维检修中。

4.1　绝缘短杆作业法

4.1.1　简介

提升供电可靠性是为人民创造高品质生活，推动城市高质量发展的重要举措。为响应国家电网公司提出的发展战略目标要求，国网上海市区供电公司进一步提出"一五九三"建设提升方案，确保实现 99.999% 的供电可靠性目标。带电作业作为不停电作业的重要组成部分，是提升配电网供电可靠性的关键技术手段。2020 年，国网上海市区供电公司于国内首次提出了 10kV 配电线路绝缘短杆带电作业法，牵头研制一系列绝缘短杆工器具（见图 4-1），并牵头编写绝缘短杆桥接和绝缘短杆旁路作业指导书，形成了体系化、标准化的 10kV

配电线路绝缘短杆带电作业法（见图 4-2），填补了当前我国带电作业项目体系中绝缘短杆作业项目的空白。

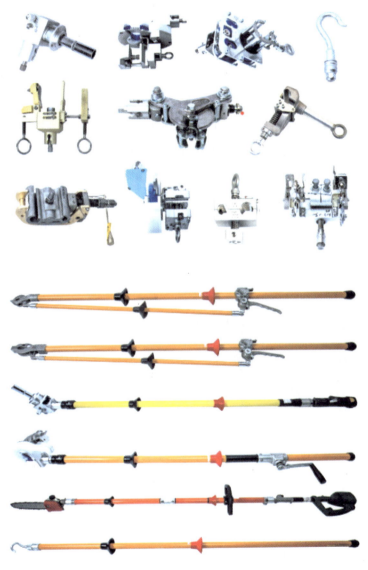

图 4-1　国网上海市区供电公司牵头研制一系列绝缘短杆工器具

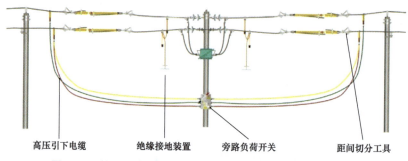

高压引下电缆　　　绝缘接地装置　　旁路负荷开关　　　　距间切分工具

图 4-2　基于绝缘短杆桥接法的新式旁路不停电作业原理图

相比传统带电作业法如绝缘杆作业法和绝缘手套作业法，绝缘短杆带电作业法具有更安全、更灵活和更便捷的显著优势，典型负荷割接作业项目的核定工作时间从传统带电作业法的 6h 降低到 1h 以内，作业人员的培训周期也从 5 年缩短为 1 周。目前，绝缘短杆作业法已经在国网上海市区供电公司广泛应用，并取得了巨大成效，帮助公司全口径供电可靠率于 2020 年率先达到 99.9991%，位列国内地市级供电公司第一，并在 2021 年、2022 年和 2023 年继续维持 99.999%以上（见图 4-3）。

图 4-3　国网上海市区供电公司全口径供电可靠率于 2020 年率先达到 99.9991%

4.1.2　主要创新点

绝缘短杆带电作业法相较传统的绝缘杆作业法和绝缘手套作业法具有三大创新点：

（1）**更安全**。作业人员使用绝缘短杆，不直接接触有电设备，保证了人身安全；特别是绝缘短杆带电作业法突破了气候条件对于带电作业的限制，在湿度较大的环境下，依然能保证作业的安全性。

（2）**更灵活**。在保证安全的前提下，不需要额外的绝缘遮蔽，缩短了作业时间，典型负荷割接作业项目的核定工作时间从传统带电作业法的 6h 降低到 1h 以内；旁路敷设时，可以在任意的线档内直接开断导线，不需要在检修线路两端找到杆上无设备、角度小于 30° 的直线杆进行复杂的直线杆改耐张杆作业项目，不再受设备和施工环境的限制，能够有效减少旁路敷设的距离，缩减旁路系统的作业半径，同时，降低了作业难度，对作业人员的技能、体能、专注力的要求均有所下降，作业人员的培训周期可从 5 年缩短为 1 周。

（3）**更便捷**。所用的绝缘短杆设备采用 FRP 材料（纤维增强复合材料），质量轻巧，操作方便，且绝缘和机械性能均可满足带电作业工作要求；绝缘短杆一体化集成了卡线器与紧线器等结构，减少携带设备的种类；带电更换转角杆或复杂装置电杆等过去无法进行带电作业的项目，使用绝缘短杆桥接法都可以简单地实现。

综上所述，绝缘短杆带电作业法综合了绝缘杆作业法和绝缘手套作业法的优势，配合绝缘斗臂车和一系列绝缘短杆工器具，在复杂的带电作业项目中，能够在保障安全的前提下，降低作业难度，提高工作效率，进而提升配电网供电可靠性。

4.1.3　应用成效

目前，绝缘短杆作业法已经在国网上海市区供电公司广泛应用，并取得了巨大成效。表 4-1 归纳了绝缘短杆作业法相比传统作业方法，在常见带电作业项目中的效率提升情况。

表 4-1　　　　　绝缘短杆作业法与传统作业方法对比

作业项目	传统作业方法时长	绝缘短杆作业法时长
直线杆改耐张杆	3.5h	1h
更换耐张绝缘子串	1.5h	1h
搭头	1h	45min

续表

作业项目	传统作业方法时长	绝缘短杆作业法时长
搭接空载电缆	1h	45min
拆空载电缆	1h	45min
拆头	30min	25min
安装接地环	30min	20min

由表 4-1 可以看出，绝缘短杆作业法的应用有效提升了带电作业的工作效率。此外，绝缘短杆作业法还提升了作业安全性。以带电更换耐张绝缘子串为例，对于传统的绝缘手套作业法，一旦在更换过程中发生耐张绝缘子串击穿，由于作业人员直接接触带电设备，极易造成人员伤亡事故。而采用绝缘短杆作业法，施工人员借助绝缘斗臂车在斗内，使用绝缘杆间接与带电体接触，即使作业过程中发生耐张绝缘子串击穿的事故，因作业人员远离设备，也不会有太大的危险，安全系数显著提高。同时多种绝缘短杆工器具的配合使用，避免了繁多的绝缘遮蔽步骤，加快了作业进度，提高工作效率。

4.1.4 小结

截至 2023 年底，国网上海市区供电公司已开展绝缘短杆桥接作业 182 次，共计节省作业时间 554h，节省工时价值 27.7 万元，减少 14914 个停电时户数，提升供电量 341 万 kWh，为公司多创造电费收益 273 万元。

该新型绝缘短杆工器具及带电作业技术方法适用于大多数城市配电网带电作业相关场景，具有安全、灵活、便捷等显著优点，能够极大地提高带电作业的工作效率、安全系数和人员培养效率，从而提高配电网供电可靠性。截至目前，国网上海市区供电公司已经接待国网江苏昆山供电公司、国网湖北鄂州供电公司、广东佛山供电局等共计 28 家兄弟单位、268 人·次来沪调研绝缘短杆作业法，提供专业培训 16 次、培训时长 386h、受培人员 218 人·次，帮助山东、江苏、安徽、福建、四川等地顺利开展配电网绝缘短杆带电作业，并发布团体标准 1 项。

4.2　全绝缘封闭型喷射式熔断器

4.2.1　产生背景

跌落式熔断器是 10kV 柱上变压器最常用的一种短路保护开关。它安装在 10kV 柱上变压器与架空线路连接处，作为柱上变压器的主保护，在柱上变压器发生故障产生大电流等情况时，可以快速自动跌落，断开与架空线路的连接，隔离故障、缩小停电范围。跌落式熔断器具备结构简单、单价较低等优点，但是由于采用的是全裸露式结构，因此受外界环境因素的影响较大，存在以下不足：

（1）绝缘性能不足：传统跌落式熔断器通常采用非全绝缘结构，存在金属裸露点，易因小动物、异物、树枝等外力因素影响导致跌落式熔断器相间或对地短路放电，影响供电可靠性。

（2）耐候性差：传统跌落式熔断器的结构不完全密封，在粉尘、盐污等条件恶劣的地区，易发生腐蚀、锈死等情况，影响使用寿命。

（3）操作风险大：传统熔断器在操作时存在一定的风险，特别是在恶劣天气下可能产生拉弧、放电，操作时如有失误熔管易从高空跌落下来误伤人员，对操作人员水平要求较高。

全绝缘封闭型喷射式熔断器（见图 4-4）采用全封闭式结构，有效避免了外界环境因素对其动作可靠性的影响，并采用缝隙灭弧法，结合力学弹射原理，提高熔断器的关合稳定性、灭弧性以及安全性。

4.2.2　设备简介

全绝缘喷射式熔断器（见图 4-5）主要由全绝缘腔体、消弧装置以及脱钩装置三部分组成。

全绝缘封闭型喷射式熔断器本体采用一体化构造，由瓷套管、上/下部紧固件以及底部的密封盖构成一个全封闭、全绝缘化腔体，从而大大改善绝缘性能，也相对缩小了安装绝缘距离，有利于在空间有限的位置安装使用。

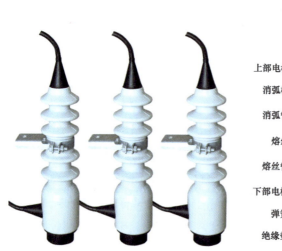

图 4-4　全绝缘封闭型喷射式熔断器

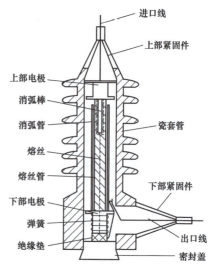

图 4-5　全绝缘封闭型喷射式熔断器结构图

上/下部电极、熔丝管、熔丝等完全内置，从而保证在淋雨、受潮、盐污、强日照等恶劣环境因素下，不会发生绝缘电阻下降、因电极锈蚀而导致不能正常开断、因膨胀而造成的熔丝拉断等不必要的停电事故。此外，瓷套管上、下两端紧固件采用橡胶一体成形构造，可有效防止粉尘和盐污染等，增强绝缘安全性，确保其长期的稳定性能。灭弧装置由上/下部电极、熔丝、熔丝管、灭弧棒以及灭弧管组成，其中，上部电极与瓷套管固定，下部电极为活动电极。

熔丝完全被封闭于熔丝管内，这样做一方面保护熔丝在安装及拆卸过程中不被外力拉断；另一方面，熔丝管填充材料成分中含有的电弧猝熄化合物可以有效熄灭熔丝熔断所产生的电弧。灭弧棒和灭弧管是用于使电弧产生气体并熄弧的管形零件，灭弧棒与上部电极电气连接，内置于熔丝管凹槽内，而灭弧管与下部电极电气连接，套于熔丝管外侧，并与灭弧棒电气隔离。脱钩装置中的弹簧处于压缩状态，上端与下部电极固定，下端与绝缘垫固定。熔丝下端通过下部电极和绝缘垫内部，从绝缘垫外侧引出，向上弯曲并固定于灭弧管紧固件上。

全绝缘封闭型喷射式熔断器与传统跌落式熔断器相比较，喷射式熔断器具备以下优点：

（1）全绝缘。无金属裸露部分，极大程度避免了因小动物、异物、树枝等外力因素影响导致跌落式熔断器相间或对地短路放电，保证供电可靠性。

（2）全封闭结构。有效防止熔管、熔丝具等在粉尘、盐污等条件恶劣的地区产生的腐蚀、锈死等情况，延长使用寿命。

（3）防操作不安全。采用全绝缘封闭型喷射式熔断器，作业人员在更换熔丝时，熔丝与操作杆能形成一个整体连接，避免传统跌落式熔断器熔管易从高空跌落下来误伤人员的情况。

4.2.3　参数规格

全绝缘封闭型喷射式熔断器的参数规格如表 4－2 所示。

表 4－2　　　　　　　　全绝缘封闭型喷射式熔断器技术规格

项目			内容	
型号			PRW□－12/（6～50）－12.5 型（EC－11）	
额定电压			12kV	
额定电流			50A	
额定开断电流			12.5kA	
额定频率			50/60Hz	
熔断件额定电流			6A　10A　15A　20A　25A　30A　40A　50A	
			熔丝特性符合 DL/T 640—1997 要求，等同 K 型	
绝缘	工频耐受电压	相对地	干闪	42kV　1min
			湿闪	30kV　1min
		断口（无载熔件）	干闪	48kV　1min
	雷电冲击耐受电压	相对地	干闪	75kV
		断口（无载熔件）	干闪	85kv
温度上升			35℃以下（使用 50A 熔丝）	
机械稳定性			300 次	
开断	大电流		12kV/Sym 12.5kA　3 次（单体，使用 6A50A 熔丝）	
	小电流		12kV/16.2～19.8A　2 次（单体，使用 6A 熔丝）	
热稳定电流试脸			1000A/1s　1 次	
电流分合	空载电流分合		12kV/630kVA 连接变压器的空载电流　10 次	
	充电电流分合		12kV/1A　10 次	

项目			内容		
电流分合	负荷电流分合	12kV	50A 15 次		
			2.5A 15 次		
			65A 5 次		
绝缘引线和端子的拉力强度			200N 不脱落		
安全性（强度试验后）			18kV 1min 不闪络		
外形尺寸			参考产品图		
污秽等级			国家标准三级		
重量			约 6kg		

4.2.4 小结

采用全绝缘封闭型喷射式熔断器可以显著提高线路全绝缘化水平，有效防止常用的跌落式熔断器因小动物、异物导致的放电、跳闸问题，提升供电可靠性；同时具备操作简单、安全的优点，减少作业人员的劳动强度，提升作业人员的安全性。

4.3 新型 10kV 全绝缘可视柱上负荷开关

4.3.1 产生背景

作为 10kV 配电网架空线路中的关键设备，10kV 柱上负荷开关的安全稳定运行直接影响到整个配电网的可靠性。常用 10kV 柱上负荷开关为 S&C 型敞开式负荷开关以及 ZW-32 型全封闭式负荷开关（见图 4-6）。这两种柱上负荷开关存在以下不足：

（1）传统 S&C 型柱上负荷开关为敞开式设计，开关刀口裸露在外，易受树枝、小动物等异物触碰，引发线路故障跳闸停电；

（2）S&C 型柱上负荷开关经过常年风吹日晒经常出现拉合不顺畅、触头接触不紧密、持续放电损坏等问题，影响线路的正常运行；

（3）ZW-32 型全封闭式负荷开关由于没有明显断开点，无法在保证安全的前提下开展相关线路带电检修工作。若在外侧额外加装刀闸作为明显断开点，其金属裸露点不符合线路全绝缘化要求。

(a) S&C型敞开式负荷开关　　　　　　　　(b) ZW-32型全封闭式负荷开关

图 4-6　常用柱上负荷开关

针对常用 S&C 型敞开式负荷开关以及 ZW-32 型全封闭式负荷开关的不足之处，国网上海市区供电公司研制出一种新型 10kV 全绝缘可视柱上负荷开关，具备全绝缘、全封闭、安全可靠、运行稳定、无油无污染、无燃烧及爆炸危险、体积小、重量轻、使用寿命长、用户不停电作业施工便捷等特点，可解决现有 S&C 型柱上负荷开关存在刀口裸露点、ZW-32 型全绝缘柱上负荷开关没有明显断开点等问题。

4.3.2　设备简介

新型 10kV 全绝缘可视柱上负荷开关（见图 4-7）是一种户外高压开关设备，主要用于 10kV 配电架空线路上。其结构包括以下几个主要部分：

（1）灭弧室：采用直线式灭弧室核心组件（见图 4-8），通过弹簧机构驱动触头轴在透明活塞缸内做往复运动，区别于刀闸系统，圆形触头与环抱触指的设计更加耐用可靠。

图 4 - 7　新型 10kV 全绝缘可视柱上负荷开关

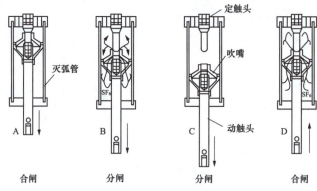

图 4 - 8　直线式灭弧室核心组件

（2）操动机构：开关一侧装有翘板形式的操作手柄（见图 4-9），旋转支点的转轴连通到箱体内部，直接作用于弹簧操动机构。

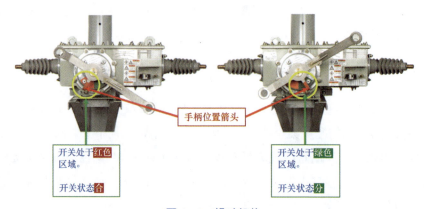

图 4 - 9　操动机构

（3）接线端子：设备两侧出线套管通过预制式绝缘电缆（见图 4-10）来进行封闭处理，用于连接高压电缆或导线，实现负荷开关与电网的电气连接。

图 4-10　预制式接线端子

（4）外壳：保护内部元件免受外界环境影响，采用铝合金材料，具有良好的防腐蚀性能（见图 4-11）。

图 4-11　新型 10kV 全绝缘可视柱上负荷开关外壳

（5）可视化窗口：底部采用超大尺寸的观察窗技术（见图 4-12），采用具有高透明度、高强度、抗刮痕、抗紫外线、不泛黄、不变模糊等特性的聚碳酸酯类合成材料，保证了可视性，同具备较高的机械强度和抗冲击能力。

灭弧室触头

底部大型观察窗

图 4−12   可视化窗口

相较于传统 S&C 型敞开式负荷开关以及 ZW−32 型全封闭式负荷开关,新型 10kV 全绝缘可视柱上负荷开关具备以下优点:

(1)本质绝缘化。设备采用了全绝缘化、全屏蔽式、全封闭的设计,没有带电裸露点,能有效避免各类小动物和异物造成的短路跳闸事故。

(2)远距离可见断口。设备采用顶部透光窗和大型三相底部观察窗,实现了杆下可见断口,以便运维操作人员准确掌握分合闸的实际位置,进而保障了作业人员的安全性。

(3)超高耐用性能。设备采用高规格全透明直线灭弧室单元,机械寿命大于 5000 次、电寿命可以达到满负荷 1200 次开断,动热稳定参数也满足 20kA/4s 的要求。视窗透明材质具有高透明度、高强度、抗刮痕、抗紫外线、不泛黄、不变模糊等特性,可在户外长期使用。

(4)带电作业的安全高效性。设备具备全绝缘全封闭的安全特性,基于大型视窗可提供真实直观状态信息,提供两种不同原理的分合闸指示方式,与架空线路的连接线场内一体化设计,且预制支架抱箍以及电缆,让带电作业更加安全高效。

4.3.3　参数规格

新型 10kV 全绝缘可视柱上负荷开关的参数规格如表 4−3 所示。

表 4-3　　　　　　新型 10kV 全绝缘可视柱上负荷开关技术规格

产品型号	ORA－LP－20
名称	新型 10kV 全绝缘可视柱上负荷开关
额定电压	12kV
额定电流	630A
短路耐受电流	20kA/4s
额定短路关合电流	50kA（峰值）
额定频率	50/60Hz
绝缘水平	42kV 1min RMS（相－地，相间、干、湿）
	48kV 1min RMS（分闸断口）
	75kVp 1.2/50μs（相－地，相间）
	85kVp 1.2/50μs（分闸断口）
电缆充电开断电流	10A
线路充电开断电流	1A
额定接地故障开断电流	30A
主回路电阻	＜120μΩ
防护等级	IP68
机械寿命	5000 次

4.3.4　小结

采用新型 10kV 全绝缘可视柱上负荷开关可以显著提高线路全绝缘化水平，有效解决现行 10kV 柱上开关各类故障跳闸问题，提升供电可靠性。在安全性方面，设备具备全绝缘全封闭的安全特性，基于大型视窗可提供真实直观状态信息，提供两种不同原理的分合闸指示方式，满足《国家电网公司电力安全工作规程》，让带电作业更加安全。

4.4　暂态录波型故障指示器

4.4.1　产生背景

随着经济的快速发展，电力需求不断增长，电力系统的规模日益扩大。配电网中线路的长度、数量以及连接的复杂性都大幅增加。这使得故障排查变得更加困难，需要一种能够快速定位故障位置的设备。当线路发生故障时，快速准确地找到故障点并进行修复，可以减少停电时间，提高供电可靠性。线路故障指示器能够在故障发生后迅速给出指示，帮助运维人员快速定位故障，大幅减少故障点寻找时间，缩短故障修复时间。

在故障指示器出现之前，传统的故障排查方法主要依靠人工巡线。这种方法效率低下，尤其是对于长距离线路和复杂地形，需要耗费大量的时间和人力。而且在恶劣天气条件下，巡线工作更加困难和危险。线路故障指示器的出现弥补了传统方法的不足，提供了一种更加高效、准确的故障定位手段。如今传感器技术、通信技术和微电子技术的不断进步，为暂态录波故障指示器的研发和应用提供了技术支持。暂态录波故障指示器可以实时监测线路状态，通过无线通信将故障信息传输给运维人员，提高了故障排查的及时性和准确性。

4.4.2 设备简介

暂态录波型故障指示器通常由采集单元和汇集单元组成。采集单元负责监测线路的电流、电压等参数，并在检测到故障时进行录波。汇集单元则负责接收采集单元的数据，并将其传输到主站进行分析和处理。借助基于大数据的配电网线路综合分析技术，智能化配电网线路状态监测系统可以对包括线路故障、线路负荷、电能质量等线路状态进行分析，为优化配电网结构提供全面可靠的数据支撑。

采集单元（见图 4-13）是暂态录波型故障指示器的核心传感单元，适用于 10kV 配电网架空线路。依托小电流自取电技术和无线通信技术，采集单元可实时上报监测数据，使运维人员可以随时掌握线路工况。

汇集单元（见图 4-14）是暂态录波型故障指示器与系统主站交互的桥梁，借助短距无线和远程无线混合组网技术，使该系统具备通道监视、切换及故障报警能力，支持系统诊断、自愈以及通信中断恢复后数据续传功能。通过采用太阳能和免维护蓄电池主备供电的高可靠电源系统，保证系统稳定可靠，运维人员可对线路工况信息和故障信息实时监测。

图 4 - 13　暂态录波型故障指示器采集单元　　图 4 - 14　暂态录波型故障指示器汇集单元

暂态录波型故障指示器在电力系统中具有显著的优点，主要体现在以下几个方面：

（1）精准故障判别与定位。暂态录波型故障指示器能够记录电网的暂态过程，通过测量电压、电流及相角等关键参数，对故障类型进行分类识别。这种能力使得它能够精确找出故障点，提高故障定位速度和准确度，为运维人员提供有力支持。

（2）低成本与易安装。相比传统的故障指示器，暂态录波型故障指示器具有成本更低、安装更简单的特点。它只需要在设备上安装即可，无须进行额外的线路改造和安装其他设备，从而节省了大量成本，并能在较短时间内实现设备的智能化升级。

（3）实时数据传输与远程监控。暂态录波型故障指示器具备实时传输数据的能力，能够帮助运维人员进行远程故障排除。这种远程监控能力不仅提高了运维效率，还降低了运维成本，使得电力系统能够更加稳定、高效地运行。

（4）提升停电管理水平与供电可靠性。暂态录波型故障指示器在发生故障时能够及时定位并缩小故障判断区域，为快速排除故障、恢复正常供电提供有力保障。这种能力有助于提升停电管理水平，减少停电时间，提高供电可靠性。

（5）多功能性与智能化。除了基本的故障指示功能外，暂态录波型故障指示器还具备多种其他功能，如实时在线监测线路负荷数据、高精度测量电流和电场幅度变化等。这些功能使得它能够更全面地了解线路运行状况，为电力系统的智能化管理提供有力支持。

综上所述，暂态录波型故障指示器在电力系统中具有精准故障判别与定位、低成本与易安装、实时数据传输与远程监控、提升停电管理水平与供电可靠性以及多功能性与智能化等优点。这些优点使得它在电力系统中具有广泛的应用前景和重要的应用价值。

4.4.3 参数规格

暂态录波型故障指示器采集单元性能指标如表4-4所示。

表4-4　　　　　暂态录波型故障指示器采集单元性能指标

适用的电力系统	额定频率	50Hz
	额定电压	10kV/35kV
	工作电流	0～600A
	适用导线线径	8～42mm²（35～400mm²）
	中性点接地方式	各种接地方式
测量范围与精度	线路电流	测量精度：0～300A，±3A；300～600A，±1%
故障检测	可识别故障类型	相间短路，单相接地；瞬时故障和永久故障
	重合闸最小识别时间	0.2s
线路状态指示	指示类型	闪灯
	可视角度	360°全向
	停电后连续闪光时间	≥2000h
	故障复位方式	来电自动复位，定时自动复位，远程手动复位
	定时自动复位时间	0～48h可设，默认24h
RF指标	工作频率	470～510MHz
	通信距离	≥1000m
电源	电池容量	3.6V，13Ah
	自取电运行	线路电流5A

暂态录波型故障指示器汇集单元性能指标如表4-5所示。

表 4 - 5　　　　　　暂态录波型故障指示器汇集单元性能指标

电源及功耗	主电源	太阳能电池板供电
	电池	12V 免维护长寿命可充电蓄电池
	平均休眠功耗	≤1mA　@ 12V
	平均待机功耗	≤7mA　@ 12V
	平均运行功耗	≤12mA　@ 12V
	最大运行功耗	≤100mA　@ 12V
通信特性	工作频率	470～510MHz
	通信距离	≥1000m
	同步脉冲时间间隔	30min 同步一次即可保证 100μs 同步精度
	无线通信类型	2G/3G/4G 全网通
	电力规约	支持 DL/T 634.5 101、104
定位	定位支持	支持 GPRS/北斗
安全	安全加密	支持国网硬件加密

4.4.4　小结

暂态录波型故障指示器功能先进，主要特点包括：

（1）首先暂态录波型故障指示器采用高精度的电流传感器，具有低噪声、高带宽等优点，能够准确捕捉电流变化，为故障分析提供可靠数据。同时，它还具备故障录波功能，能够在故障发生时同步记录电流和电场波形，为故障定位和分析提供重要依据。

（2）暂态录波型故障指示器还具备强大的网络通信能力，通过 GPRS 实现与主站的实时通信。这一特点使得设备能够迅速将故障信息传输至主站，提高故障处理的效率。同时，其通信过程稳定可靠，能够适应各种恶劣环境，确保信息的准确传输。

在实际应用中，暂态录波型故障指示器被广泛应用于架空线路等关键节点，负责采集线路电流、对地电场等实时信息。通过对这些信息的分析，可以准确判断故障发生的位置和类型，为电力系统的稳定运行提供有力保障。

4.5   带有温度预警功能的新型预绞式绝缘绑线

4.5.1   产生背景

随着社会经济的飞速发展，社会对供电可靠性的要求越来越高，提高 10kV 架空配电线路的供电可靠性对提升供电质量具有重要意义。

目前在 10kV 架空线路杆塔上固定导线和绝缘子使用的传统方法为（如图 4-15 所示）：把导线放入绝缘子的顶槽或侧槽后，再用软铝手工绑线反复缠绕导线和绝缘子将其固定。这种安装方式存在以下不足：

图 4-15   传统手工绑线

（1）安装效率低。费工费时、人为因素大，不同施工人员安装质量参差不齐，且安装处导线易磨损（见图 4-16）。

（2）安装质量差。线路运行一段时间后在微风振动下固定处绑扎线容易出现松动，甚至有滑落现象（见图 4-17）。

（3）安装风险高。软铝手工绑线对作业人员的操作要求高，绑线自身强度低，运行可靠性差，且对线缆和绝缘子可造成严重损伤，在带电作业工作中容易产生涡流从而危及作业人员的人身安全。

带有温度预警功能的新型预绞式绝缘绑线（见图 4-18）具备提高施工速度、减少施工过程中牵引所引起的余线浪费、减少施工所需辅助工具的数量、延长绑线与线缆的使用寿命、减少线路维护费用等优点，可以有效减少停电时间和停电范围，提升供电可靠性。

图4-16 导线表面磨损   图4-17 绑线脱落

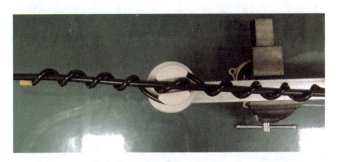

图4-18 带有温度预警功能的新型预绞式绝缘绑线

4.5.2 设备简介

国网上海市电力公司市区供电公司根据实际需求研发了三种带有温度预警功能的新型预绞式绝缘绑线。

（1）顶部预绞式全绝缘绑线（见图4-19），包括绝缘子连接件和两个螺旋形片段。绝缘子连接件由两个折弯部连接呈S形结构；两个螺旋形片段对称设置在绝缘子连接件的两侧；两个螺旋形片段的结构相同，每个螺旋形片段的节距相同、内径相同，且螺旋形片段的内径小于绝缘导线的外径；每个螺旋形片段均套接在所述绝缘导线上，绝缘子连接件的两个折弯部分设在绝缘导线的径向两侧，绝缘子连接件与绝缘导线之间组成绝缘子安装空间。顶部预绞式绝缘绑线可以将绝缘导线固定在绝缘子顶部槽口内，能不停电施工作业，安装方便。

图 4-19　顶部预绞式全绝缘绑线

（2）侧部预绞丝式绝缘绑线（见图 4-20），呈螺旋形结构，预绞丝包括绝缘子连接件和两个螺旋形片段，绝缘子连接件呈半环形结构；两个螺旋形片段对称设置在绝缘子连接件的两侧，两个螺旋形片段的一端一一对应地与绝缘子连接件的两端相连；两个螺旋形片段的结构相同，每个螺旋形片段的节距相同、内径相同，且螺旋形片段的内径小于所述绝缘导线的外径；每个螺旋形片段均套接在绝缘导线上，绝缘子连接件位于所述绝缘导线的一侧，绝缘子连接件与绝缘导线之间组成绝缘子安装空间。侧部预绞式绝缘绑线可以将绝缘导线固定在绝缘子颈部，能不停电施工作业，安装方便。

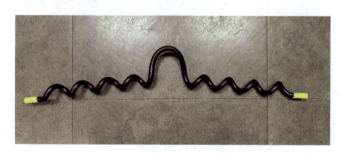

图 4-20　侧部预绞丝式绝缘绑线

（3）双顶预绞丝式绝缘绑线（见图 4-21），包括绝缘子连接件和两个螺旋形片段，绝缘子连接件呈具有开口的圆环形；两个螺旋形片段设置在绝缘子连接件的一侧，两个螺旋形片段的一端一一对应地与绝缘子连接件的开口处的两端相连；两个螺旋形片段并联绕制在一起形成螺旋形握紧件，螺旋形握紧件的节距相同、内径相同，且螺旋握紧件的内径小于绝缘导线的外径；螺旋握紧件套接在绝缘导线上，绝缘子连接件位于所述绝缘导线的下方。双顶预绞式绝缘绑线可以将绝缘导线固定在绝缘子顶部槽口内，能不停电施工作业，安装方便。

图4-21　双顶预绞丝式绝缘绑线

相较于传统带固定导线和绝缘子的方式，采用带有温度预警功能的新型预绞式绝缘绑线有如下优点：

（1）与手工绑线相比，配电绝缘绑线固定导线的效果更好。配电绝缘绑线的设计允许未断导线产生一定程度的受控运动，在一定条件下，还可以使导线恢复到原来的位置。

（2）绝缘绑线采用聚氯乙烯制成，具有较强的抗拉强度、冲击强度、弯曲强度、低吸湿性和自熄性。

（3）预绞式绝缘绑线与绝缘子紧密配合，可以对抗向上的载荷，防止导线从绝缘子中跳出，能有效防止恶劣天气和外力的破坏。

（4）对于冲击载荷，弹性的预绞式绑线可减轻载荷，对各种振动情况如低频摆振、高频风吹振动和摆动，绑线均不会产生松动现象，避免导线磨损，延长导线寿命。

（5）工厂内预成型技术可保证预绞式绝缘绑线具有很强的一致性，降低安装难度，提升了作业人员的作业质量，安装完成后预绞式绝缘绑线可紧密配合导线和绝缘子。

（6）配电绝缘绑线的无线电干扰电压（RIV）特征与良好的手工绑线（RIV）相同，在使用过程中，预绞式绝缘绑线始终配合良好，避免了手工绑线的（RIV）随着绑线逐渐松散而下降的情况。

（7）在预绞式绝缘绑线部分材料上加入温度预警功能，当温度超过设定值时，其表面颜色会发生永久性变化，对线路故障提前发出警示。带电作业班组可根据预警提示进行不停电检修，避免因线路故障引起跳闸而增加停电时户数，提升供电可靠性。

4.5.3　参数规格

新型预绞式绝缘绑线本体采用聚氯乙烯材料（PVC，见表4-6）制作，外部采用热敏绝缘材料将具有较强的抗拉伸强度、冲击强度、弯曲强度、低吸湿性、自熄性和绝缘性能。同时具备温度预警功能，在遇到导线高温时变色，可达到故障预警的目的。

表4-6　　　　　　　　　　聚氯乙烯材料技术性能指标

序号	技术性能	单位	指标
1	密度	kg/m³	1380
2	拉伸强度	MPa	2900～3400
3	熔点	℃	212
4	吸水率	%	0.04～0.4
5	抗拉强度变化	%	±20
6	变色	℃	60（±3）

4.5.4　小结

带有温度预警功能的新型预绞式绝缘绑线对配电线路的操作适用性能高，是实施与绝缘子有关作业项目的理想工具。新型预绞式绝缘绑线在10kV架空配电线路中的应用，提高了施工速度，防止施工过程中涡流的产生，降低了作业风险，避免停电作业，提高供电可靠性。

4.6　适用于S&C柱上负荷开关的预防小动物绝缘挡板

4.6.1　产生背景

S&C柱上负荷开关是一种适用于10kV架空线路上的开关设备。主要用于10kV配电网中执行线路的开合操作，大量使用于城市配电网架空线路中。但S&C柱上负荷开关为敞开式设计，开关刀口裸露在外，易受小动物、异物触碰，引发线路故障跳闸停电（见图4-22）。

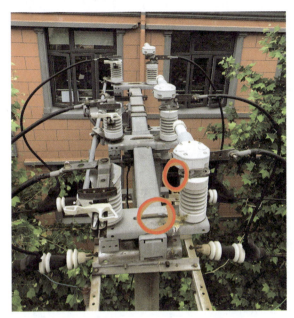

图4-22 S&C柱上负荷开关因小动物碰触放电

为减少因上述原因导致的线路跳闸等问题，提升供电可靠性，国网上海市电力公司市区供电公司研发了一种适用于 S&C 柱上负荷开关的预防小动物绝缘挡板（见图4-23）。

图4-23 适用于 S&C 柱上负荷开关的预防小动物绝缘挡板

4.6.2　设备简介

适用于 S&C 柱上负荷开关的预防小动物绝缘挡板（见图 4-24）是一种专门设计用来防止小动物靠近柱上负荷开关裸露刀口的防护装置。采用高强度的白色聚氯乙烯材料制成，具有较强的抗拉强度、冲击强度、弯曲强度、低吸湿性、自熄性和绝缘性能。

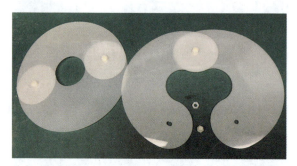

图 4-24　适用于 S&C 柱上负荷开关的预防小动物绝缘挡板结构

绝缘挡板由 A 片体、B 片体、尼龙防松螺丝组件、尼龙防松螺丝组件组成（见图 4-25）。

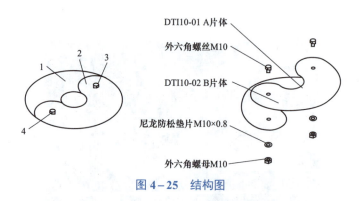

DTI10-01 A片体
外六角螺丝M10
DTI10-02 B片体
尼龙防松垫片M10×0.8
外六角螺母M10

图 4-25　结构图

组装模式：A 片体 1，B 片体 2，尼龙防松螺丝套件 3 预先组装完毕，将组装件夹在柱上负荷开关支柱绝缘子合适位置，尼龙防松螺丝套件 4 装上锁紧（见图 4-26）。

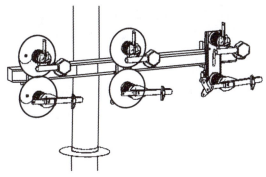

图 4-26　安装示意图

采用适用于 S&C 柱上负荷开关的预防小动物绝缘挡板有如下优点：

（1）提升供电可靠性。通过限制小动物活动范围，避免柱上负荷开关因小动物攀爬导致的短路放电。

（2）安装简便。可通过不停电作业方式安装，安装流程简单，平均安装一片时间为 30s。

（3）经济性好。产品的强度大、安全性高，使用寿命长（一般在 10 年以上）。

4.6.3　参数规格

适用于 S&C 柱上负荷开关的预防小动物绝缘挡板材料参数规格如表 4-6 所示。

4.6.4　小结

10kV 架空配电线路中适用于 S&C 柱上负荷开关的预防小动物绝缘挡板的应用，避免了小动物导致 S&C 柱上负荷开关短路造成的线路跳闸，提升了供电的可靠性。

4.7　配电网全绝缘可视化低压跨接联络箱

4.7.1　产生背景

低压配电网作为中心城区供电的末端，其供电可靠性对电力用户的满意度有着最直接的影响。全面开展线路全绝缘化改造，实现线路本质化绝缘，及时有效地进行低压负荷转移，提高配电网灵活运行方式，减少企业和居民的停电次数和停电时间，对提升配电网供电可靠性意义重大。其中，低压跨接线装置能否安全、可靠、快速地投切是负荷能否高效转移的关键因素之一。

　　城市低压配电网具备环网的结构，其台区间负荷转移通过低压跨接线装置实现。传统低压跨接线装置（如图 4−27 所示）存在金属裸露部位，长期裸露运行设备绝缘层易老化，随着操作次数的增加和长期裸露运行的影响，存在以下问题：

图 4−27　传统低压跨接线装置

　　（1）每次操作冲击电流过大易引发电火花，接触电阻增大导致发热，多次操作后易导致接触点烧毛、烧坏；

　　（2）设备长期裸露受环境影响较大，且逐相搭接操作时 0.4kV 导线承受大电流冲击导致绝缘层老化现象严重；

　　（3）线夹连接处易受外力作用拉断；

　　（4）需直接接触带电设备进行作业，操作步骤多，且操作时需逐相拆搭，因此操作、维护不便。

　　传统低压跨接线装置不能同时满足全绝缘、可视化、安全可靠、操作便捷的需求。配电网全绝缘可视化低压跨接联络箱装置（如图 4−28 所示）在实现线路设备本质绝缘化的基础上，确保远距离断口可视化，从而降低作业风险，提升操作安全性和检修效率，助力线路本质绝缘化的实现和供电可靠性的提高。

图 4-28　配电网全绝缘可视化低压跨接联络箱

4.7.2　设备简介

该装置主要由如下 4 个部分组成：

（1）采用全绝缘箱式结构（见图 4-29），防尘、防水达到 IP67 等级。设备整体是一个 IP67 等级全密封整机，除了下插入式快速接口防水外，在插拔头的连接处添加了硅胶防水环来实现双重防水结构，取消了低压跨接线绝缘压板及横担，减少因异物、小动物、树木触碰导致低压放电。

图 4-29　全绝缘箱式结构

（2）箱体底部采用全透明可视化设计，可直接观察到内部刀闸分合状态（见图 4-30），该结构设计，满足了全封闭全绝缘结构的同时，兼具开放式设备的便于观察的特点，提供了最大面积的全透明底壳（由耐 UV 的抗冲击材料制成），可保证在 5m 以上的柱上环境有最大的可见视角，确保远距离可视断口的绝缘化。操作人员在电杆下侧可以通过联络箱底部观察内部零件，可掌握设备状态（设计了两种不同原理分合指示）以及零部件磨损情况。

图 4-30 箱体底部全透明可视化设计

（3）加装三相联动闸刀和紧凑型弹簧操动机构（见图 4-31），由逐相直接操作改进为三相联动间接操作；其操动联动机构包括操动手柄、凸轮拐臂、主受力驱动杆、机箱止停销、储能拉簧组、输出三相驱动杆、分闸启动推杆和加固同轴支持臂；操动手柄与一组同轴设置的凸轮拐臂的转轴连接，其中一条凸轮拐臂与主受力驱动杆连接，另一条凸轮拐臂与输出三相驱动杆连接，输出三相驱动杆上套接有储能拉簧组，储能拉簧组的另一端挂接于主受力驱动杆上，主受力驱动杆通过机箱止停销进行解锁及锁定，输出三相驱动杆通过其上设置的若干个加固同轴支持臂与分闸启动推杆连接，分闸启动推杆分别连接各个低压负荷开关刀闸动触头。该结构的分合闸采用弹簧操动机构，能够快速驱动低压负荷开关刀闸进行分合闸，避免了分合闸行程过慢造成的放电、过热现象；将外部操动手柄的储能运动与刀闸释放能量运动相互独立，使合分速度与手柄操作速度解耦，可更为精准地预估触头磨损量。同时针对操作安全性，本结构设计支持使用绝缘杆对插接于联络箱的弹簧操动手柄进行操作，把直接接触带电设备的操作变为通过绝缘杆间接接触操作，把负荷转移方式由三相逐相搭接改进为三相联动操作，提高了操作人员作业的安全性，有效降低了工作时间和劳动强度。

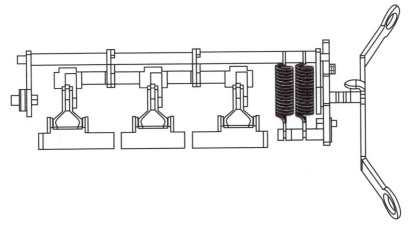

图4-31　三相联动闸刀和紧凑型弹簧操动机构

（4）防水罩壳内的灯组亮灭状况（见图4-32），可观察设备两端低压电网是否带电，设计二次回路核相接口，实现负荷转移时的核相功能。

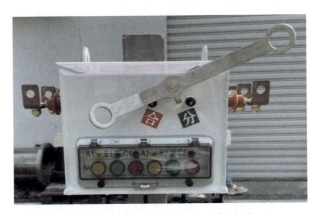

图4-32　灯组显示带电、核相功能

采用配电网全绝缘可视化低压跨接联络箱有如下优点：

（1）全绝缘与可视化：

1）全绝缘需保障设备的全封闭性和防水性。新装置在箱体底部两侧开设两排连接孔，刀闸组件通过连接孔固定在箱体内，连接孔外侧设有进出线套管组件。箱体前端面开设有操作孔，弹簧操动手柄插接于操作孔内与刀闸组件的操作杆连接，可从低压负荷转移装置外部对刀闸组件进行操作。新装置底部配备可视窗，采用全透明强化玻璃底板实现箱体的全封闭。

2）在导线与箱体联络接口处添加硅胶防水环实现双重防水，防水防尘达到 IP67 等级，可通过 30min 的沉水试验，取消了低压跨接线绝缘压板及横担，减少因异物、小动物、树木触碰导致低压放电。

3）箱体底部可视窗采用聚碳酸酯类合成材料，该材料具有高透明度、高强度的特性，对刮痕以及紫外线有较好的耐受性。该可视窗保证了在 5m 以上的柱上环境有最大的可见视角，确保开关状态远距离可视化。

（2）安全性与便捷性：

1）新装置采用箱体手柄设计结构，使用绝缘杆操作弹簧操动手柄进行，将直接接触带电设备的操作变为通过绝缘杆间接接触操作，避免了传统跨接装置操作时由大电流引发电火花给操作人员带来的威胁，提升了操作安全性。

2）该装置分合闸采用紧凑型弹簧操动机构，能够快速驱动低压负荷开关刀闸进行分合闸，避免了分合闸过程过慢造成的放电、过热现象。且外部操作杆的储能运动与刀闸释放能量运动相互独立，使分合速度与手柄操作速度解耦，更安全稳定、快速便捷地进行操作。

（3）经济性与可靠性：

1）使用全透明一体化强化玻璃底板替代传统观察罩壳，增大观测角，节省成本；

2）负荷转移方式由三相逐相搭接改进为三相联动操作，减少操作时间，从而减少用户停电时间；

3）通过低压负荷转移，实现低压台区用户的不停电检修，提高供电可靠性。

4.7.3　参数规格

配电网全绝缘可视化低压跨接联络箱的参数规格如表 4−7 所示。

表 4－7　配电网全绝缘可视化低压跨接联络箱技术规格

技术参数	参数值
额定电压	0.4kV
额定电流	630A
短路耐受电流	7.56kA
额定短路关合电流	12.85kA（峰值）
额定频率	50Hz
主回路电阻	＜100μΩ
耐受短时电流	≥2000A
机械寿命	2000 次
防水防尘等级	IP67

4.7.4　小结

通过应用配电网全绝缘可视化低压跨接联络箱，提高了线路全绝缘化水平。此外，该成果在提高了操作人员作业的安全性的同时减少了停电时户数，在提升电网供电可靠性方面取得较好成效。

4.8　平行母排汇流钳

4.8.1　产生背景

随着国民经济的快速发展和人民生活水平的提高，电力供应的稳定性和可靠性变得尤为重要。然而，在许多地区，电柜更新不全、快速接口不匹配等问题依然存在，这严重影响了电力供应的效率和安全性。

传统的电力连接方式在应对紧急断电、检修线路或旁路作业时，往往存在接口不匹配、连接复杂、耗时较长等问题。这不仅增加了作业难度和成本，还可能导致供电中断时间过长，影响居民和企业的正常生产生活。

为了解决这些问题，平行母排汇流钳应运而生。它是一种专门针对没有安装快速接口或接口不匹配的电柜进行快速连接的装置，可以替代快速接口直接与电柜母排进行快速连接。这种装置具有操作简便、连接快速、安全可靠等优点，能够极大地提高电力供应的效率和可靠性。

4.8.2　设备简介

平行母排汇流钳（见图 4-33），作为电力应急与连接解决方案的核心，实现了在无须停电的情况下迅速、安全地将电源与负载连接。简化了操作步骤，提高了安装效率，提升供电可靠性。

图 4-33　平行母排汇流钳

平行母排汇流钳的结构（见图 4-34）：平行母排汇流钳主要由钳口组件、导电杆、尾部大端子、母端组件、绝缘外壳等 23 个零件组成。

使用方法：汇流钳钳口安装至母排后，使用扭矩螺丝刀插入汇流钳安装处与传动杆进行旋转扭入操作，由传动杆推动活动钳口，当扭矩起子达到扭力值进行空转时此时刺破弹片已完成和母排绝缘层的刺破动作，可实现在不切开绝缘层的情况下可直接安装使用。

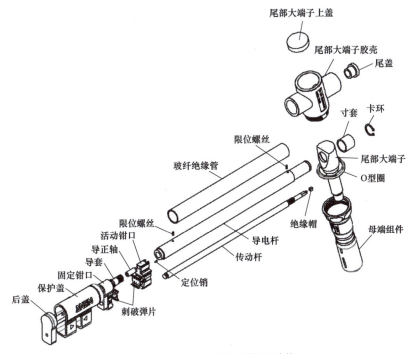

图 4-34　平行母排汇流钳的结构

采用平行母排汇流钳有如下优点：

（1）快速连接机制。创新的连接设计，使得汇流钳能够迅速锁定并稳定连接母排，减少了安装时间，提高了工作效率。

（2）高导电性材料。采用优质导电材料，确保电流传输的顺畅无阻，降低能耗与热损耗。

（3）安全绝缘保护。全面覆盖的绝缘层，有效隔绝电流，保障操作人员安全，防止意外触电。

（4）耐用结构设计。坚固的结构设计，能够承受高压力与高电流的冲击，延长设备使用寿命。

（5）灵活适应性：汇流钳设计灵活，能够适应不同规格、不同形状的母排，满足多样化的电力连接需求。

4.8.3　参数规格

由于带电作业的特殊场景，汇流钳材质电气性能须满足要求，且强度高、材质比重尽可能小以达到施工过程中减轻操作重量的目的，同时其材质需易于加工成型。汇流钳本体采用尼龙材料（PA，见表4-8）制作，具有较强的抗拉伸强度、冲击强度、弯曲强度、低吸湿性、自熄性和绝缘性能。

表4-8 尼龙技术性能指标

序号	技术性能	单位	指标
1	密度	kg/m³	1324
2	拉伸强度	MPa	111
3	熔点	℃	253
4	吸水率	%	≤0.2
5	灼热丝可燃指数	℃	3.0mm/960
6	弯曲强度	MPa	157

4.8.4 小结

采用平行母排汇流钳设备可以提高应急快速供电水平，有效解决现有电柜无快速接口或快速接口不匹配、不能应急保供电等问题，提升供电可靠性、快速性，为快速保供电提供新型技术解决方案。同时其有不可替代的社会效益，为用户不停电作业施工操作保驾护航。

4.9 二次同期并网装置

4.9.1 产生背景

随着社会的发展与科技的进步，人类活动对电力的依赖程度越来越高，保证连续不间断供电是国民经济各部门对电力的基本要求。中心城区用户对配电网供电可靠性有更高的要求，国网上海市电力公司市区公司管辖范围内 0.4kV 配电网架空线路可通过操作跨接线实现低压台区的负荷转移，解决长时间停电检修的问题。但由于变压器的接线组别并不完全统一，在台区间负荷的过程中会产生短暂操作停电。此外，在一些无法进行转移负荷的特殊情况下，通常采用应急电源车临时保供电的措施，保障终端用户的正常供电。在应急电源车临时保供电的过程中，往往需要通过停用用户端负荷来实现应急电源车的接入和退出，无法实现用户在线路检修过程中的"零感知"。而常规操作过程中，发电车接入、退出电网均需将低压线路停电，由此将产生 $1\sim2h$ 的停电时间。因此，消除应急电源车保供电作业中的短时停电，对供电部门持续提升供电能力，进一步提高供电可靠性具有重要意义。

为解决上述问题，国网上海市电力公司市区公司研发了一种二次同期并网装置。

4.9.2　设备简介

二次同期并网装置（见图 4-35）通过智能控制模块完成对配电网、电源车电能数据采样、分析、匹配及并网。

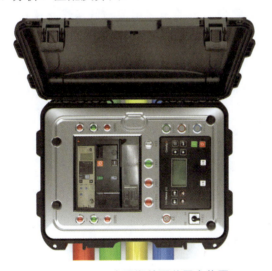

图 4-35　二次同期并网装置实物图

工作原理：二次同期并网装置内含智能控制模块，通信电缆具备信号采样功能。通信线缆分支出的采样线与发电车内开关出线侧连接进行采样信号并处理分析，通过智能模块及通信电缆，控制启停发电车，实现配电线路同期并网。解网通过信号采样线在设备侧的取样，再经智能模块信号分析处理，通过通信电缆控制启停发电车来得以实现。

以配电网低压架空线路为例（见图4-36）。

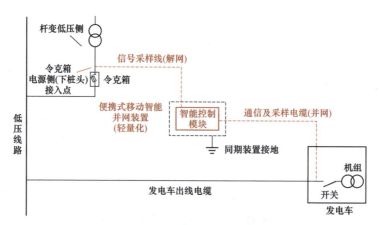

图4-36　二次同期并网装置原理

设备检修前首先将发电车的出线电缆与低压线路连接，发电车机组处于停止状态，将新型同期装置的通信电缆及采样电缆与发电车内置开关出线侧连接，进行取电及低压线路信号采集取样。然后通过同期装置内部智能控制模块中集成的数据处理模块分析并同步发电车机组电压幅值、频率、电压相角差与电网电压幅值、频率、电压相角差。当电压信号同步完成后，通过同期装置上的启停按钮以及采集终端上的控制按钮即可快速启停应急发电车机组实现并网。

当设备完成检修后（即变压器已处运行状态，令克箱内低压刀闸处于拉开位置），先通过信号线与令克箱下桩头连接，进行信号采集取样，通过智能控制模块将信号进行分析并同步。当电压信号同步完成后运维人员即可合上令克箱内的低压刀闸，当发电车与电网的再次并网后，通过按钮或遥控启停发电车机组，从而实现二次并网及解网，拆除低压线路端发电车组的低压柔性电缆及令克箱处的信号线，即完成设备检修作业。

上述不停电作业方法能实现多场景灵活应用，能在保证供电可靠性的基础上大大缩短发电车接入退出所需作业时间，提升作业效率并减少停电时间，提升供电可靠性。

4.9.3　参数规格

二次同期并网装置（见图 4–37）包括箱体、控制模块、开关与保护模块、传感模块、连接器具、显示模块及通信模块。

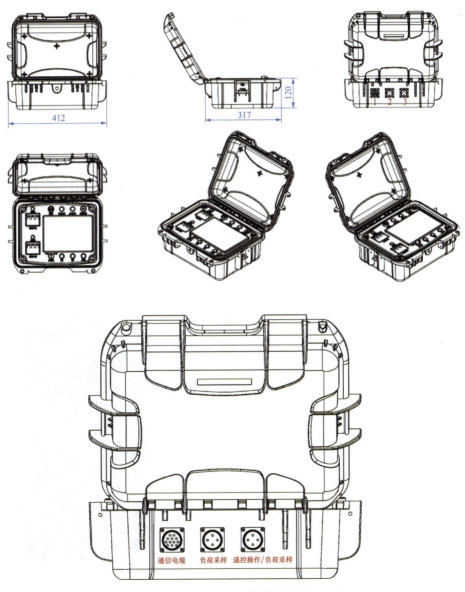

图 4–37　二次同期并网装置

4.9.4　小结

通过应用二次同期并网装置，可以消除应急电源车保供电作业中的短时停电，对供电部门持续提升供电能力，进一步提高供电可靠性，为用户提供更好用电保障，具有重要的应用价值和现实社会意义。

4.10　执法记录仪

在电网中，执法记录仪有着广泛的应用场景，如提高安全性、事故分析与责任追溯、监督规范操作、提升服务水平、推动智能化发展等。特别是在安全操作方面，当发生电力事故或伴有纠纷时，执法记录仪提供的现场视频和音频记录可以作为重要分析依据。对于现场作业人员来说，执法记录仪的存在不仅可以确保操作安全规范得到监督，同样也是一种保护，因此会要求现场作业人员和监护人员佩戴移动音视频设备。

4.10.1　执法记录设备——P3 4G单兵

P3是一款外观卓越、性能优良、功能强大、亮点突出的4G通信单兵设备，采用高性能处理器，能够提供更高质量的语音集群及高清视频集群调度功能。可安装丰富的应用，为行业用户个性化定制提供较多可能。外观如图4-38所示。

4.10.2　单兵的使用

如图4-40所示，P3单兵是一款触摸按键结合的记录仪，采用电池供电，方便用户多次循环使用。同时通过插入SIM卡来支持远程通信，即使在偏远地区的用户也可实现与调控人员实时联系。表4-9为按键接口的说明。

图4-38　单兵实物图

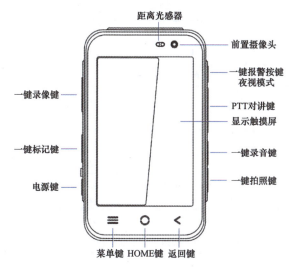

图 4-39　面板按键

表 4-9　　　　　　　　　　单 兵 按 键 说 明

按键	功能
一键报警/夜视模式按键	长按 5s 发起紧急呼叫与报警，短按可开启夜视功能
PTT 对讲键	一键对讲，手指接触面积达到 1.2cm²，方便单手进行操作
一键录像键	一键快捷录像
一键拍照键	一键快捷拍照

续表

按键	功能
电源键	开启和关闭设备
一键标记键	可以对正在录像或录音的文件进行重点标记
菜单键	菜单键
Home 键	返回主界面
返回键	返回上一层

外部接口	功能
USB 接口	充电；通过 USB 接口与电脑连接实现对内部资料的有线上传，与电脑进行文件交互等

内部接口	功能
SIM1 卡槽	SIM 卡卡槽，根据型号可支持公网或专网
SIM2 卡槽	SIM 卡卡槽，根据型号可支持公网或专网
Micro SD 卡槽	TF 卡卡槽，可扩展存储，或用于公安数据加密卡

单兵的功能比较丰富，同样支持集群通话、视频语音通话、一键报警、连线平台、电子地图等功能。

4.10.3　电网调度对执法记录仪使用的安全规程要求

1. 设备检查与准备

无论是调度人员还是操作人员，在每次使用执法记录仪前，应全面检查设备，确保其无故障，电池电量充足，内存卡有足够储存空间。同时，要按照当前准确的日期和时间调整好设备时间，保证记录信息的时间准确性。确认执法记录仪的录音、录像、拍照等各项功能正常，摄像头无遮挡、损坏等情况，以确保能够正常记录执法过程中的各种信息。

2. 佩戴与使用规范

调度人员应将执法记录仪佩戴在规定的位置，以便取得最佳的声像效果。例如，可统一佩戴在工装上衣左边口袋以便于操作且能稳定记录的位置。当电网调度和操作人员开始工作时，应按照规定及时开启执法记录仪的录音、录像功能，并在工作结束后及时关闭，避免不必要的电量消耗和信息记录。在工作中，应保证执法记录仪的连续录制，不得随意中断或间断记录，以便完整地记录整个执法过程。图 4-40 是现场操作人员正在使用单兵和调度人员汇报现场工作。

图 4-40　实际工作现场单兵的使用

3. 数据管理与存储

执法记录仪记录的数据应妥善存储，防止数据丢失、损坏或被篡改。可以采用加密存储、定期备份等方式，确保数据的安全性和完整性，以便后续查阅和使用。当需要将执法记录仪的数据进行移交或归档时，应按照规定的程序和要求进行，确保数据的准确移交和归档。

4. 设备维护与管理

电网调度部门应指定专人负责执法记录仪的日常维护和管理，包括设备的清洁、充电、定期检查等，确保设备始终处于良好的工作状态。如果执法记录仪在使用过程中出现电量耗尽、存储空间耗尽或机器故障等无法进行记录的情况，调度人员应立即上报，并按照相关规定及时排除故障。在故障排除期间，视情况停止执法活动或使用其他音像设备进行执法记录。执法记录仪应实行"谁佩戴、谁负责"的原则，使用人应严格按照使用说明书要求操作执法记录仪，严禁随意拆卸。严禁将执法记录仪转借其他单位和个人使用，因保管不善、使用不当造成执法记录仪丢失、损坏的，按相关规定予以赔偿。

5. 保密要求

涉及国家机密、商业秘密和个人隐私的执法记录信息，应当严格按照保密工作的有关规定和权限进行管理。在数据存储、传输和使用过程中，要采取相应的保密措施，防止信息泄露。

4.10.4　执法记录仪的使用大幅度提高电力作业的安全性

执法记录仪通过多种方式提高电力作业安全性。一方面，执法记录仪具有高清摄像录音功能是保障这一安全的前提，能清晰记录执法人员的行动和现场情况，为案件调查提供重要证据，增加执法透明度和公正性，一旦发生安全事故，可通过视频记录还原现场，确定事故原因。另一方面，执法记录仪还配备GPS定位功能，能实时获取执法人员位置信息并记录下来，为监督执法过程提供保障，一旦发生意外可快速确定位置并提供救援。因此执法记录仪在电网操作人员中的应用不仅有助于提升电力系统的安全管理水平，保障电网的稳定运行，同时也为电力企业的智能化、数字化转型提供了支持。

第 **5** 章 发展前景

5.1 供电可靠性管理发展趋势

5.1.1 低压供电可靠性统计及评价

由于低压用户数多，设备规模庞大，可靠性指标统计难度较大。目前我国供电系统供电可靠性主要是针对中压用户和高压用户，低压供电可靠性仍然处于理论探索阶段。但是，随着国民经济的发展和城乡居民生活水平的不断提高，供电可靠性统计正在由中高压向低压延伸，这也是供电可靠性管理工作发展的必然趋势。

目前，供电可靠性指标统计只涉及中压用户（10kV 用户），尚未统计到低压用户（380/220V 用户），要实现低压用户供电可靠性全覆盖统计，存在用户数量庞大、现场条件复杂、装置水平不一、通信信道不稳等诸多问题。如何运用好泛在电力物联网技术，扎实有效开展低压用户供电可靠性信息采集与统计，研究推广低压用户供电可靠性评估评价方法及相关技术规范，实现低压用户供电可靠性指标管理应用，将是今后一段时期供电可靠性管理工作的重点和难点。

目前，国内各供电企业根据本单位信息系统建设应用、采集装置覆盖水平等情况，形成了三种典型的低压用户供电可靠性统计模式：

（一）配电网中低压网络拓扑为主模式

基于变－线－户档案关系，结合中压停电数据，通过拓扑关系生成低压用户停电事件数据。基于低压用户停电报修、低压设备检修数据，对拓扑无法采集到的数据进行补充。利用 HPLC 智能电能表采集低压用户停上电信息，对停电事件进行校验。

1. 数据采集

网络拓扑模式中用于数据采集的方法分为低压停电事件采集、用户报修信息采集、智能采集装置信息采集和其他低压停电信息采集。

（1）低压停电事件采集。根据中压停电事件，通过中低压网络拓扑，可以统计低压停电事件。其中，中压停电事件来源为可靠性系统，中低压网络拓扑逻辑来源于业务中台。

（2）用户报修信息采集。指用户通过电力抢修热线（如 95598），向电力企业报告的低压停电事件。用户报修信息主要来源于 PMS 系统配抢模块、能源互联网营销服务系统以及其他内部业务系统。

（3）智能采集装置信息采集。通过智能配变终端（TTU）、具有宽带载波能力的智能电能表（HPLC）等采集装置获得的低压用户电能表停电、上电信息，可以有效甄别低压设备停电事件。根据各单位的建设技术路线，系统来源包括配电自动化主站及用电信息采集系统等。

（4）其他低压停电信息。包括通过低压停电计划或人工录入的停电信息，或采用其他信息化手段采集的低压用户停电事件。

2. 统计方法

网络拓扑模式中所统计的数据来源主要为中压电网停电集成、低压用户报修信息集成和 HPLC 采集信息集成三大类。

（1）中压电网停电集成。供电可靠性管理体系中，中压停电事件编码有明确规范，具体包括单位编码、停电设备码、责任原因码等，由中压停电拓扑形成的低压停电事件，总体上可以按照中压停电事件信息自动生成低压事件信息，通过系统中的中压停电事件，结合中低压拓扑关系，直接完成相关信息集成。

（2）低压用户报修信息集成。针对低压用户报修信息，可以通过以下方式集成用户单户停电事件：由低压用户报修信息生成低压停电事件，应当与高中压电网停电不重复。由于报修工单中，主要根据用户地址派发抢修单，因此需要与用户档案匹配，主要有模糊匹配和户号匹配两种方式。压报修信息中，剔除大面积停电事件，仅留单户停电，因此在计算时户数时，户数按照 1 户统计，停电时长可以按照用户报修及完成修复的时间。

（3）HPLC 采集信息集成。针对通过 HPLC 采集匹配到的低压电网停电事件，当用户智能电能表发送停电信号、上级台区未发送停电信号时，根据拓扑分析确定同一接入点下是否有多户 HPLC 电能表发送停电信号，实现对多户低压用户停电情况的研判，通过与抢修工单进行匹配（如停电事件、停电区域等），利用抢修工单中的相关信息，完成停电事件的信息填报。针对未能匹配的停电信号，原则上纳入停电原因不明范畴。

（二）全量采集模式

基于 HPLC 电能表覆盖，通过用采系统对低压用户停电、上电信息进行全量采集，按台区、分相线路、表箱对低压用户停电事件进行归集，实现多维度停电事件数据管理，并采用中低压用户负荷数据和台区集中器停上电事件进行校验，通过自动或人工补全形成完整有效的低压用户停电、上电事件。

1. 数据采集

全量采集运行数据来源于实时全量采集的中低压用户运行数据，包括：台区停上电事件、电流和电压准实时曲线，HPLC 电能表的相位、停上电事件、电流和电压准实时曲线等。同时接入 95598 报修工单、作业管控计划检修、调度运行日志、营销业扩、生产管理操作票等外部业务数据用于辅助分析停电事件。

2. 统计方法

全量采集模式统计方法包括基础数据统计和运行数据统计。其中基础数据统计以低压电网模型为基础，对各设备的挂接情况进行统计；运行数据分析统计以停电信息池为基础，根据数据维护校验功能辅助统计各设备的停电时长、停电次数等运行情况。

（三）抽样采集与其他方式结合模式

根据应用区域智能电能表的用电信息采集情况，设计抽样点选取规则和停电信息采集、传输规则，建立低压用户停电抽样采集模型，接收用采系统抽样采集的智能电能表停电、上电事件，结合供电拓扑数据，实现对低压用户停电自动分析，生成低压可靠性停电事件。

1. 数据采集

每 24h 对电能表存储的停电事件进行召测或接收电能表主动上报信息，获取停电数据。停电数据内容包括公变台区停电事件数据和低压用户停电事件数据。

2. 统计方法

抽样采集模式中所统计的数据来源主要为触发式抽样采集、随机抽样采集和最小停电单元抽样采集 3 大类。

（1）触发式抽样采集：

1）台区总表停电事件的抽样采集：每日 0 点召测昨日发生台区总表停电事件的公变（台区）（排除配变监测终端、HPLC 已确认停电的台区）下每个低压计量箱下随机 3 户电能表，根据召测用户的停电事件进一步验证公变（台区）停电，对误报停电数据进行删除，对复电时间进行补全，同时统计公变（台区）下所有低压用户停电事件。

2）公变（台区）采集异常的抽样采集：每日分析前一日已验证停电的公变（台区）以外的公变（台区）电流电压采集情况。对电流电压出现连续 4 个点为空或者为 0，且前 7 天采集成功率 100%的公变（台区），选取采集通信优质的 3 户电能表进行停电事件召测。根据召测用户的停电事件判断是否为整公变（台区）停电，并判断公变（台区）的确切停电时间。其中，通信优质的 3 户是指冻结数据速度最快的 3 户，每 7 天根据实际通信状况进行更新。

3）停电信息补全验证抽取：除已确认停电的公变（台区）外，对其他公变（台区）下的每个低压计量箱中的 1 户进行召测，若 80%同时间段内（停电开始时间误差在 30min 之内）存在掉电事件则判断为"公变（台区）停电"。并对上报的停电实际开始时间，结束时间进行补全。

4）报修工单的停电数据触发抽取：根据有户号的工单自动下发电能表召测任务，对该户以及相同低压计量箱的另外 2 户进行召测，若只有报修用户存在掉电事件则判断为"低压用户单用户停电"；若 3 户在同时间段内（停电开始时间误差在 30min 之内）存在掉电事件，则对报修用户所在台区的每个计量箱中抽取 3 户进行透招，若 80%同时间段内（停电开始时间误差在 30min 之内）存在掉电事件则判断为"台区停电"；若其他计量箱内用户无掉电情况，则为计量箱停电，判断为"低压设施故障停电"。

（2）随机抽样采集：

1）数据抽样规则：针对每条低压分支线下的低压计量箱，随机抽取 N 个低压用户作为抽样数据，低压用户抽样个数考虑数据传输通道稳定性及经济性决定，可选 2～5 个。

2）低压计量箱状态研判：根据低压故障抢修单补全事件与抽样数据停电事件研判停电情况，若同一计量箱下同一时间段内存在 2 个及以上的用户发生停电，判断计量箱停电；否则，反之。

3）通道稳定性校核：对统计区域内低压用户电能表开展分批次数据采集，比对每个低压用户电能表应采集及实际采集次数，对无法 100%采集的低压用户电能表认定为数据传输通道不稳定，进行剔除，不参与抽样。

4）数据准确性校核：采集数据存在以下情况进行剔除，不参与抽样。具体如下：停电时长小于 1min 的停电事件；停复电时间不全的停电事件；复电时间小于停电时间的停电事件；无用户编号或对应不上低压用户台账的停电事件。

（3）最小停电单元抽样采集：

1）虚拟计量箱接入点抽样：将虚拟计量箱下低压用户接入点作为一个最小停电单元。随机采集最小停电单元中 2 个或以上低压用户智能电能表的运行状态来反映该区域的运行状态。若抽样点皆为"运行"状态或同时存在"运行"和"停运"情况，则区域为运行状态；若抽样点皆为"停运"状态，则区域为停运状态。

2）拓扑分相的最小停电单元抽样：抽取台区总表停电情况，同时设定末端抽样点为校验点，若总表与末端校验点停电，则台区停电，若总表运行，往后遍历最小停电单元。

① 若该最小停电单元区域内都为单相分支、单相计量箱，则设定该区域内离台区总表最近用户电能表为抽样点，并在该区域末端随机抽样 1 个电能表用来校验本最小停电单元的停电事件；

② 若该最小停电单元内是三相支路、三相计量箱，且三相计量箱的接入用

户全部为同一相，则抽样规则与①一致；

③ 若该最小停电单元内有多相位用户接入，需设定 3 个不同相位的用户智能表作为抽样点，若三个相位都停电，则该区域停电；若部分停电，则该区域分相停电。

3）数据校验：对于最小停电单元两个抽样点运行状态不一致，疑似停电误报或拓扑异常，进行核实排查；对于抽样点时间偏差大于 5min 情况，疑似停电误报或拓扑异常，进行核实排查。

5.1.2 供电可靠性评估分析

可靠性评估指对元件或系统的静态、动态性能或各种性能改进措施的效果是否满足规定的可靠性准则进行分析、预计和认定的一系列工作。近年来，随着我国经济社会的发展，用户对供电可靠性的要求越来越高，仅仅根据供电可靠性的历史统计结果进行分析与评价已难以适应高供电可靠性的需求，供电可靠性管理亟须由"事后统计评价"向"事前预测评估"转变。

供电可靠性与电力网架、设备运维、负荷状态、运行方式和管理技术等诸多方面密切相关，而常规可靠性测算仅基于末端配变的停电信息进行统计和事后评价，无法对用户及区域供电可靠性进行事前评估和预测。近年配电网快速发展，投资建设力度不断加强，网架水平、作业方式、信息化水平不断提升，为满足配电网精准投资、精细管理、数字运维、优质服务的要求，市场对供电可靠性指标精准预测评估的需求旺盛，可靠性量化提升市场潜力巨大。一方面，配电网建设改造需求旺盛，规划建设方面亟须可靠性预测评估服务提供决策支撑。另一方面，设备运维、市政工程等计划停电仍是影响可靠性的重要因素，需要建立基于可靠性指标精准预测的停电事前管控机制。并且，多专业融合是提升可靠性的必然趋势，亟须解决提供数字化和智能化的配电网供电可靠性预测评估服务。

目前对配电网供电可靠性评估与预测的方法主要有三类：传统方法、数理统计法和新型算法。

（一）传统方法

传统方法需要以准确的配电网结构和多年的元件可靠性参数历史数据为

基础，主要包含了解析法和模拟法两大类。

（1）解析法。解析法是根据配电系统的网络架构、元件功能以及之间的逻辑关系建立模型，并对其进行求解，得到精确度高的可靠性评估指标。其计算思路相对简单，在配电系统可靠性评估中得到了广泛应用。常用解析法主要包含了故障模式后果分析法、最小路分析法、网络等值算法等。

1）故障模式后果分析法。故障模式后果分析法（failure mode and effects analysis，FMEA）是较传统的配电系统可靠性评估方法，基本思想是：对配电网所有可能出现的故障进行预想枚举，确定其对负荷点的影响，将各个预想事件影响放入事故表中，从而计算系统的可靠性指标。具体为：首先对系统进行预想事故选择，确定负荷点失效事件（即故障集），并对各个预想事件进行潮流分析和系统补救，形成事故影响报表，将这些失效事件（事故）和影响报表统一存放在预想事故表；根据负荷点的故障集，从预想事故表中提取相应故障的后果，计算负荷点的可靠性指标；系统可靠性指标则可从各个负荷点的可靠性指标分析得到。该方法随着系统规模的扩大会导致计算量指数增加，复杂性极高，但仍然是配电网可靠性分析中最基本也是最为有效的方法之一。

2）最小路分析法。最小路分析法（minimal path method mnalysis，MPA）的基本思想是：找到配电网中每个负荷点到电源点的最小路，将非最小路上的元件故障对负荷点可靠性的影响，根据网络的实际情况折算到相应的最小路节点上，通过对最小路上的元件计算可靠性指标，获得整个配电网供电可靠性指标。因此，只考虑最小路上节点对负荷点影响，就能完成配电网可靠性的评估，减小了计算复杂度。但对复杂配电系统，求取负荷点的最小路将花费大量时间，计算量大，且无法处理包含环网系统的问题。

3）网络等值算法。网络等值算法的基本思想是：通过采用等效元件来代替配电系统的某部分网络，将复杂结构的配电网逐步简化成简单的辐射状主馈线系统，然后对简化后的配电网络再用故障模式后果分析法来计算分析其可靠性。等值法分为两个步骤：首先是向上等效过程，将一个复杂的副馈线分支用等效分支线代替，逐层向上层等效，最终将网络简化为一个单辐射状的主馈线网络；然后进行向下等效过程，将上层元件对层元件可靠性的影响用等效串联元件表示，并分层计算分布在各负荷点的可靠性。该方法不需要对系统中的每个元件都进行可靠性分析，最终结果为等效负荷和系统的等效可靠性指标，如果要得到每个负荷点的可靠性指标，还需要从等效负荷出解发逐步向下分解，计算过程复杂。

以上为常用的经典解析法，此外解析法还包括故障遍历方法、基于马尔科夫模型的解析法、故障树法、网络法等，在此不展开介绍，这些方法基本都应用了故障枚举、分解推理的思想，早期配电网网架结构简单，所有可能的故障结果都能够列举出来，因此具有很好的适用性。

（2）模拟法。模拟法主要为蒙特卡罗模拟法。以配电系统各元件的可靠性原始数据为基础，利用计算机模拟随机出现的各种系统状态，从大量的模拟实验结果中得到某些统计量，利用公式求解可靠性指标。

蒙特卡罗模拟法根据是否需要考虑系统状态的时序特性，一般分为非序贯模拟法和序贯模拟法两类。非序贯模拟法基本思想是在（0，1）之间通过随机抽样产生均匀分布的随机数，然后与系统各元件处在各状态的概率值进行比较，从而得出各元件真正的状态，该方法每次抽样并无任何关联，操作简单，较多适用于输电系统和发电系统，但无法考虑时变因素，因此计算结果中没有与故障发生频率和故障持续时间的可靠性指标结果。序贯模拟法是按元件寿命满足的概率分布抽样元件状态持续的时间，随时钟的推进分析元件对系统的影响，该方法每次抽样之间按时间顺序排列，考虑时变因素，因此可计算不同的停电时间、持续时间和停电负荷情况下的损失，可计算经济指标，进而可指导系统的规划和可靠性裕度的设计，但模拟过程略为复杂，计算量大。后来结合非序贯模拟法和序贯模拟法又发展出了伪序贯模拟法，也称准序贯模拟法，其采样方法和计算系统可靠性指标方法与序贯仿真一致，但是计算的过程中，随机抽取任一时段的系统状态，若是故障状态则计算，否则再次抽取。准序贯仿真结果的准确性和计算效率有待进一步研究，但是其具有较好的应用前景。

蒙特卡罗模拟法的算法和程序结构较简单，并且能够求出可靠性指标的概率分布，适合复杂系统的可靠性评估，但计算精度较低，如需得到较高的计算精度，则要耗费大量的计算时间，同时也不便于进行有针对性的分析。

（二）数理统计法

随着配电网结构变得日趋庞大和复杂，历史累积数据日益增多，一些数学方法被应用到了配电系统可靠性预测研究领域中，目前常用的数理统计法包括灰色预测法、回归预测法和趋势预测法。

（1）灰色预测法：灰色理论主要用于研究部分信息不可观测的系统，它认为系统的行为尽管不完全明确，内部未知信息虽然无法直接观察，但它从整体来看是有序的，其整体有序性是灰色预测的基本依据，灰色预测法就是利用有限的表示整体行为数据经过变换后建立微分方程，从而得到整体的发展趋势，具有需要的样本数量少、计算速度快等优点。常用的灰色预测模型有：GM（1，1）、DGM 和 Verhulst 等。前者适用于变化指数规律较强的数据序列，后两者适用于具有波动发展或者饱和特性的数据序列。根据我国城市配电网的发展情况，供电可靠性逐年提高，数据暂时还未趋向于饱和特性，因此 GM（1，1）模型得到了广泛的应用。

（2）回归预测法：回归预测法是建立在事物因变量和自变量间的回归方程，通常包括：自回归（AR）和自回归滑动平均模型（ARMA）。其中 ARMA 法在电力系统负荷预测、风速预测、网络流量预测、经济预测等方面有着广泛的应用。回归预测法有多种类型，如一元回归预测法和多元回归预测法，在一元回归预测法中，自变量只有一个，而在多元回归预测法中，自变量有两个以上。另外，根据自变量与因变量之间是线性关系还是非线性关系，回归预测法又可分为线性回归预测和非线性回归预测。在配电网中，供电可靠性指标随时间的变化在一般情况是非线性。

（3）趋势预测法：趋势外推法是以时间为序列，利用历史和当前的数据变化和趋势，推测未来可能出现的结果，在金融、科技、工程等领域应用广泛，也被应用在了电力设备可靠性预测和电力负荷预测上。其基本思想是：事物发展具有规律，发展过程循序渐进，没有跳跃式的变化，未来是过去和现在连续发展的结果，掌握了事物发展变化内在的基本规律，并依据这种规律展开推导和议定的修正，就可以预测它未来的趋势和状态。总体来说就是在对研究对象过去和现在的发展作了全面分析之后，建立描述其变化规律的模型，以此规律进行外推得到预测结果。常用的趋势外推法有滑动平均法、指数平滑法、自适应系数法等。

（三）人工智能算法

人工智能算法主要利用人工神经网络，人工神经网络（artificial neural

network，ANN）是人工智能技术的一种，具有良好的自学习能力和非线性泛化能力，在许多领域得到了较为广泛的应用。人工神经网络在预测方向往往是建立在元件间相关因子影响的基础上，通过考虑将元件的主要影响因素作为自变量，因变量为理论预测输出，建立神经网络模型并进行反复学习，最终获得最优目标预测值。神经网络法主要包括 BP 神经网络法和 SVM 神经网络法。

（1）BP（back propagation）神经网络：BP 是 1986 年由 Rumelhart 和 McCelland 为首的科学家小组提出，是一种多层前馈神经网络算法，主要由输入层、隐藏层和输出层组成。算法通过信号的正向传播和误差信号反向传播来修正自身误差，具体为：输入层各神经元负责接收来自外界的输入信息，并传递给中间层各神经元，中间层负责信息变换，包含了单个或多个隐藏层，中间层将各神经元的信息传递到输出层，经进一步处理后，完成一次学习的正向传播处理过程，由输出层向外界输出信息处理结果。当实际输出与期望输出不符时，进入误差的反向传播阶段，误差通过输出层，按照误差阶梯下降的方式修正各层权值，向隐藏层、输入层逐层反传。周而复始的信息正向传播和误差反向传播过程就是 BP 网络神经学习训练的过程。该方法具有良好的非线性能力能够快速逼近期望值，具有较好的收敛性，但对样本依赖性强、数据要求高，且存在收敛速度慢、容易陷入局部最优解的问题。

（2）SVM 神经网络：支持向量机（support sector sachine，SVM）由贝尔实验室 Vapnik 于 1995 年提出，建立在统计学习理论和结构风险最小原理的基础上，根据有限的样本信息在模型的复杂性（即对特定训练样本的学习精度）和学习能力（即无错误地识别任意样本的能力）之间寻求最佳折中，以期获得最好的推广能力。SVM 算法能够利用有限的样本信息找寻最优结果，其优点在于能够较好地解决高维数、小样本、非线性和学习陷入局部极小点等机器学习中的常见问题，泛化能力强。

5.2　不停电作业发展前景

近些年，随着国网公司明确提出要全面加强配电网不停电作业管理，推动配电网作业由停电为主向不停电为主转变，为建设世界一流能源互联网企业提供支撑以及配电网不停电作业行业上下游产业链的不断升级完善。涌现出带电作业机器人、无人机、旁路作业等新技术、新方法。

5.2.1 不停电作业机器人

研发智能机器人是目前带电作业技术领域的主流发展趋势。利用机器人代替人工作业，能够规避人身安全风险，节约人力成本，提高工作效率。国内外目前已完成研发并具有实际应用的带电作业机器人主要用于完成巡检和检修等工作任务。

带电作业机器人的发展主要经历了以下 3 个阶段（见图 5-1、图 5-2）：

第一代：人为控制机器人作业。这一阶段的机器人主体部分为工业机械臂，属于主从式机器人。其智能性和操作精度较低，主要依靠操作人员的主观意识来实现作业流程，难以完成复杂场景下的带电作业。

第二代：半自主机器人作业。这一阶段的机器人在第一代的基础上，融合了先进电驱、图像处理等智能化系统。相较于第一代，其自动化程度明显提升，通过人机交互的方式，可以自主完成一些较复杂的作业，可操作性和智能化程度得到了优化。

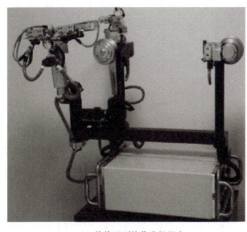 

(a) 绝缘子更换作业机器人 　　　　　　　(b) 螺栓紧固作业机器人

图 5-1　不同类型的带电作业机器人

 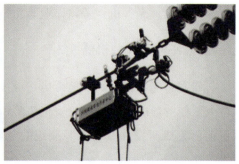

(a) 带电更换绝缘子　　　　　　　　　　　　　(b) 带电紧固引流板

图 5-2　带电作业机器人的作业场景

第三代：全自主机器人作业。这一阶段的机器人在前两代机器人的基础上融合了现代先进设备与技术，具有高智能化、高自主性、多功能性、可编程、拟人化等众多优点。在减少作业风险和工作成本的同时，其工作效率和作业质量也得到了大提升。

目前，国内已成功自主完成带电作业机器人研制工作，研发了具备了线路的带电切断、剥除绝缘皮、接引线、更换绝缘子等功能。未来，基于人工智能技术的不断发展，带电作业机器人视觉搜索、识别、定位的精度将大大提高，逐步完善了机器人的作业功能和智能化程度。在可预见的未来，智能机器人的投入使用必将极大的降低配电线路带电作业风险率，提高作业安全性和可靠性，这对于配电网安全稳定的运行有着重要的意义。

5.2.2　无人机不停电作业

近几年随着用电需求的增加，配电网线路带电作业需要进行高效的运行。必须要有覆盖面广、电流稳定的特点。但是在很多环境较差的地区，线路往往会受到外部因素的影响，传统的巡检方式就是人工巡检，巡检效率较低，在环境恶劣之中还会面临很大的危险。无人机的出现为配电网线路带电作业带来了很大的便利，并且在我国已经取得了初步的应用。无人机可以通过人工控制，在地形较差的地区进行拍照、信息处理等，可以快速发现故障并且进行针对性地解决，提高了线路巡检的效率。

1. 抛掷绝缘绳

通过辅助架线的优势，工作人员可以在实践中使用无人机抛掷绝缘绳。近些年，各地多次开展通过无人机进行绝缘绳的抛掷，取得了许多成功的经验，在很大程度上保证了工作人员的安全性。

2. 无人机带电现场勘查及故障分析

在小型无人机上都会存在红外线以及相机，这些都是属于任务设备，在进行带电作业时，可以通过无人机的拍摄判断故障的类型，从而进行针对性的修复。2014 年，山东电网就首次通过无人机拍摄的方式，对实际项目进行勘察并分析线路故障，在修复后通过无人机视角确定并解除了故障，有效地提高了工作效率。

3. 在带电作业工作中进行安全监控

地面监护人员所看到的视角无法与无人机相比，为了使地面监护人员全面掌握杆塔部工作人员的情况，必须要使用无人机进行安全监控，将拍摄到的画面实时地传送到控制系统中，起到更好的监护作用。

4. 无人机带电安装故障指示器

带电安装故障指示器是常见的简单类配电网带电作业，传统绝缘杆作业法和绝缘手套作业法需要 3～4 名人员为一组。前者需要作业人员登杆至合适位置，在与带电体保持足够安全距离的情况下，利用绝缘杆安装工具将故障指示器安装到相应的导线上，对作业人员的体力要求较高；后者需要依靠绝缘斗臂车将作业人员举升到线路附近，在做好绝缘遮蔽的前提下，将故障指示器安装在导线上，该方式在绝缘斗臂车无法到达的特殊地形下难以开展。

但是由于配电网线路比较复杂，无法实现自动导航的原因就是因为没有高精度的定位装置，虽然 GPS 在近几年得到了很大的发展空间，但是因为高空中会受到很多外部因素的影响，也会产生 10m 左右的误差。这也是未来需要努力解决的一个问题。

无人机作为带电作业中比较重要的载体，最主要的是起到信息传递的作用。在具体的实践中还是需要专业的设备进行维修，为了保证无人机在配电网线路带电作业中的工作效率，对未来的展望主要有以下两个方面。

（1）无人机与配电网线路设备结合。就目前而言，我国的无人机进入了高速发展的时期，科学技术得到了很大的进步。传感器的应用也为无人机带来了很大的发展空间。无人机携带的不再是相机与红外成像设备，更多的是携带配电网线路机器人，直接替代了人工巡检。这也在一定程度上降低了劳动力的使用，提高了工作效率，增加了安全性能。

（2）无人机应用于高压配电网线路上验电。由于作业点条件限制，在高压配电网线路带电作业上会使用的是非接触验电，一般都是通过对电场强度的感应来判断线路是否有电。可是这样做的整体效率并不是很高，而且受到外部因素的影响较大，可能会出现线路有电却验不出电的情况。可是随着无人机的高速发展，可以使用绝缘杆将验电器固定在无人机上面，由工作人员进行控制，直接使用无人机进行验电，保证效率的同时也不会出现漏检的情况。

5.2.3　变电不停电旁路作业

旁路带电作业是引入旁路系统代替原系统对用户负荷进行供电，保证用户侧的不间断供电或仅仅短时停电后，实现检修作业的一种作业方式。配电线路的旁路带电作业是在某段配电线路需要停电检修或改造时，使用旁路开关、旁路电缆、旁路变压器以及采用临时电源等专用设备向该段线路所带的用电负荷供电、隔离待施工线路段，并对待换设备进行停电作业的一种作业方式。这种作业方式主要特色就是保证了用户侧的不间断供电，或仅仅造成极短时间的停电，是有效减少计划停电施工、提高供电可靠性的方法，也是目前国内外最为先进的配电带电研究发展趋势。与常规配电网带电作业技术相比，旁路带电作业的专业技术性强，从整体上看，对作业方案的研究制定、组织协调要求很高；从个体上看，对带电作业人员、倒闸操作人员的技术业务能力和工作的严谨性要求很高，对旁路带电作业设备、工具、特种车辆的安全性能、匹配水平及智能水平要求也较高。

旁路不停电作业法可广泛应用于配电网架空线路的检修作业中，理论上来讲，旁路不停电作业可以用于辅助完成所有类型的配电网架空线路检修以及部分符合接线要求的电缆线路检修。本文中，将旁路不停电作业法按照复杂程度分为两种，一种是主要通过使用绝缘引流线、消弧开关等工具，对短距离内、单一设备旁路分流后，进行检修的方式，包括旁路不停电作业法更换高压开关、旁路不停电作业法断接空载电缆引线等；另一种是通过柔性电缆、旁路开关、移动箱变等大型设备，对长距离内的线路及设备、环网柜等旁路分流后进行检修的方式，包括旁路不停电作业法检修电缆、旁路不停电作业法检修配变、旁路不停电作业法检修环网柜等。

案例分析：绝缘短杆桥接作业法

1. 绝缘短杆桥接法简介

绝缘短杆桥接作业法是指作业人员在带电作业高架车车斗内（绝缘工作平台上），通过绝缘短杆对带电体进行作业。其原理有点像心脏搭桥，简单来说，就是通过专用工具（桥接器、柔性旁路电缆等）的操作，对即将故障或急需检修的重要设备（如联络开关等）进行跨接作业，使线路电流绕开该重要设备直接供给受电侧。不间断供电的同时对被跨接的重要设备进行停电检修的一种不停电作业方法，以此来进行负荷割接，实现压缩停电范围，减少停电时户数。

该方法需要用到的装备包括桥接器、负荷开关、旁路电缆等。其中，桥接器安装在主导线断开点之间，确保导线承力无误，同时也是断开点的绝缘工具（见图 5-3）。

图 5-3 桥接器

2. 绝缘短杆桥接作业法与传统旁路作业法对比

图 5-4 是传统旁路作业示意图，当我们需要对多档内的线路设备进行检修，为了保证线路上不需要检修的用户避免停电，我们采取旁路作业的方法。我们一般会在需要检修线路两端找到合适直线杆开分段，并在外侧安装旁路系统。这种传统的旁路作业方式，受设备、施工环境影响大。如果检修线路两端没有合适的直线杆，就有可能扩大停电范围，让原本不需要停电的用户被迫陪停。或者需要重新在两端带电立杆，再开分段，增加了作业难度和风险。

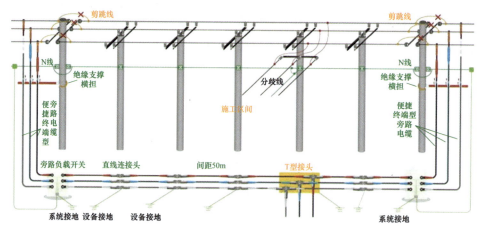

图 5-4 传统旁路作业示意图

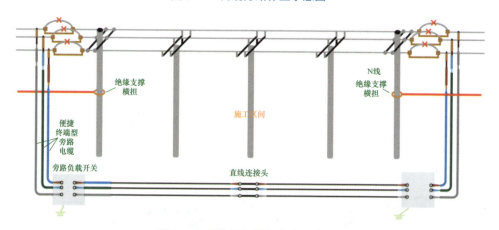

图 5-5 绝缘短杆桥接作业示意图

而图 5-5 是绝缘短杆桥接工具结合旁路作业的示意图。我们可以发现，这种作业方式可以在任意的线档内完成断开的作业，不再受设备和施工环境的限制。有效减少旁路敷设距离，缩减旁路系统作业半径，不存在非检修用户陪停的问题。因此绝缘短杆桥接工具结合旁路作业，是对我们传统旁路作业的一个巨大的补缺和提升。

因此在未来使用绝缘短杆结合小旁路的桥接法作业的方式，可以实现直接开断导线，创造一个可见的断点，形成区域内安全不带电的作业环境，颠覆过去传统带电作业的理念，将"带电作业停电化"，且无须进行遮蔽，过程简单明了，由于不用直接接触带电设备，在安全性上也大大提高。而譬如带电更换转角杆等过去无法进行带电作业的项目，使用绝缘短杆桥接法都可以简单地实现，特别适用于高低压环网结构电源点多的网架特点。可以将复杂的旁路作业简化为简单的开断导线工作，其安全、简便、快速的特点，值得大范围推广。

5.2.4　移动终端无纸化办公

不停电作业现场无纸化办公主要着力配电操作流程与带电作业。结合国网数字化基建背景，发展调度操作全过程数字化具有重要意义。"两网"与电信运营商的逐步深入合作使站端无线网络覆盖成为可能，为现场无纸化办公提供了数字化基础。

5.2.4.1　倒闸操作移动终端

1. 操作流程无纸化

在现有配电倒闸操作中，操作票的生成、审核、布置等功能均在电力生产管理系统（PMS）中的调度操作功能部分集成，但现场作业仍使用纸质操作票作为调度操作依据，并采用传统的电话或对讲机接发令模式。随着不停电作业对电网设备操作的频次需求的提升与新检修技术的逐步投入，调度操作环节的工作量日益提升。在遭遇极端气候条件时，操作票的现场保管、操作环节的录音录像要求、现场抢修工作压力累加现场操作票的撰写往往消耗了调度操作两方人员大量精力。同时，纸质操作票的流程管控、操作项目步数统计、操作后归档也存在着技术管理方面的难题。

2. 数字化操作票流转

现场无纸化作业终端以载有移动调度操作应用的平板电脑作为工作平台，同步原有电力生产管理系统的调度操作票数据，实现旧有系统与数字化现场工作平台衔接。操作票的拟票、审核环节仍以现有 PMS 系统为主要平台。操作票经审核后布置到班组厂站后，接收端确认接收，并自动回报发送端（见图 5-6）。

3. 智能化操作流程

无纸化操作终端目标是实现现场操作工作的智能化流程管控。智能化的流程管控可体现在以下环节：

图5-6   移动操作终端现场运行示意

（1）操作准备环节。在操作流程中，到达操作现场后，工作监护人即可开始智能操作流程。依靠终端的影像功能，完成操作现场确认、人员信息确认、站班会布置记录。与调度沟通和接发令环节，使用终端内置语音系统，自动进行语音记录，完善流程管控的同时减少了现场操作人员的设备携带负担。应用内置数字签名与信息认证，依托终端影像识别功能，对现场操作人员签名确认流程规范化，确保人员信息的真实有效。

（2）操作票执行环节。可通过扫描设备数字化铭牌实现间隔的双重确认。具体操作中，流程管控进一步细化。原有流程中，调度发令现场复诵后，双方即在操作票上作相应位置记号。现场监护人开始执行时，经发令复诵后并实际操作后，监护人确认该步骤完成即作"√"记号。而在智能化操作应用中，调度发令收到现场复诵后，即可将该步骤改为"已发令"状态。现场监护人发布指令经复诵后，确认可操作人员执行操作。执行完成后确认该步骤完成并标记该步骤为"已执行"并自动记录操作时间。在现场操作中，遭遇的设备问题与其他特殊情况可使用终端予以记录同步。此类标记与信息智能终端中同步显示，帮助现场操作人员和调控人员实时掌握操作步骤的发布与执行情况。同时，数字化操作票避免了由于现场人员记号错误或笔误造成的操作票作废情况，减少了操作票现场保管压力。

（3）操作票统计与管理。传统纸质操作票在执行完毕后需进行归档管理。在数字化操作终端的辅助下，操作票的无纸化使归档流转变得更加简便。操作步骤的数字化，意味着操作步骤统计更加快捷。在此基础上，对于各类设备，可针对性调取系统中保存的相关操作记录与现场问题反馈，梳理设备常见问题。

（4）抢修操作辅助。在应急抢修等非计划操作工作中，如操作流程较长、设计设备较多、电系较为复杂，现场操作票拟票工作则较为复杂。在智能操作终端设置现场拟票功能，可根据调度任务布置，结合现场设备，以内置各类设备典型操作为基础，快速拟制操作票，在合规操作前提下，为现场操作提供依据和记录。

5.2.4.2　带电作业移动终端

1. 带电作业流程管控无纸化

带电作业流程管理主要力图实现作业前人员准备、工器具查验、现场作业安全布置以及工作许可。结合移动操作应用接入数据，带电作业工作应用可全面详细查看安全措施布置情况。电子化工作票的设计可实现对现场安全措施布置确认的及时和完整记录。

2. 带电作业移动应用

带电作业移动应用依托移动终端功能，与平台同步带电作业计划，接入相关工作班组人员资质信息。现场作业前，工作负责人使用终端对参与工作人员一一核验，确认人员资质合规。使用移动应用，对所涉及工器具的统一标识进行扫描，核验工器具状态，并将其信息存入本次工作档案。移动终端可完成工作站班会的录制，完成工作班成员的身份核验与电子签名确认，确保安全准备流程完整合规。移动终端实现现场无纸化办公的同时，也避免了现场誊写、确认工作票时，由于人为失误、外部环境影响等造成的票面不合规情况。

实现现场工作无纸化录入后，平台即可清晰展示工作票涉及安全布置、人员到位、设备状态等必要信息，对于工作负责人现场补充的安全措施也可同步展示，为带电专业人员和调控人员的许可工作提供了便利。

5.2.4.3　两票智能管控

移动操作终端应用内置调度与三种人管控信息，配合终端图像功能进行身份信息校验，确保人员权限匹配。操作环节中，应用根据内置术语、典型操作票、五防逻辑、操作步骤冲突逻辑等，对发布的操作指令进行校核，对不满足情况及时告警。

操作和带电作业移动应用均可将实时端口接入安全管控平台，根据安全管控人员权限，可实时监控作业环节，为全方位、全时段的安全监管提供硬件基础。

附录1　10kV 配电线路绝缘短杆桥接带电作业技术导则（T/SMA 0043—2023）

Guide to Live Working of 10kV Distribution Line by Short Hot Stick Bridging Method

1　范围

本文件规定了 10kV 配电线路绝缘短杆桥接带电作业的作业要求、作业项目及安全注意事项等内容。

本文件适用于 10kV 配电线路的带电检修和维护作业。

2　规范性引用文件

下列文件中的内容通过文中的规范性引用而构成本文件必不可少的条款。其中，注日期的引用文件，仅该日期对应的版本适用于本文件；不注日期的引用文件，其最新版本（包括所有的修改单）适用于本文件。

GB/T 14286—2021　带电作业工具设备术语

GB 26859—2011　电力安全工作规程电力线路部分

GB/T 34577—2017　配电线路旁路作业技术导则

DL/T 974—2018　带电作业用工具库房

DL/T 976—2018　带电作业工具、装置和设备预防性试验规程

3　术语和定义

下列术语和定义适用于本文件。

3.1

不停电作业　overhaul without power interruption

以实现用户的不停电或短时停电为目的，采用多种方式对设备进行检修的

作业。

　　［来源：GB/T 14286—2021，2.1.1.1，有修改］

3.2

旁路作业   bypass working

通过旁路设备的接入，将配网中的负荷转移至旁路系统，实现待检修设备停电检修的作业方式。

　　［来源：GB/T 34577—2017，3.1］

3.3

旁路柔性电缆   bypass flexible cable

一种导体由多股软铜线构成的、能重复弯曲使用的单芯电力电缆。

　　［来源：GB/T 34577—2017，3.2］

3.4

旁路负荷开关   bypass load switch

用于户内或户外，可移动的三相开关，具有分闸、合闸两种状态，用于旁路作业中负荷电流的切换。

　　［来源：GB/T 34577—2017，3.4］

3.5

绝缘短杆作业   short hot stick working

作业人员使用绝缘斗臂车、绝缘梯、绝缘平台等绝缘承载工具与带电体保持规定的安全距离，穿戴绝缘防护用具，通过绝缘短杆系列工具进行的作业。

3.6

导线紧固装置（桥接法用）   conductor tension puller for bridging method

拉伸双钩头带有孔眼的短杆，用于绝缘短杆作业法，实现紧线目的的装置，包括紧线器和卡线器等结构。

4   概述

　　如图 1 所示，采用 10kV 配电线路绝缘短杆桥接带电作业技术在进行旁路作业时，在旁路搭建之后，用导线紧固装置（桥接法用）和其他绝缘短杆工具将开关两端主导线断开，使线路负荷电流转移到旁路电缆上，在桥接断点内侧范围内可以有效创造出一个人为的断点,并使用绝缘接地装置对已停电区域进行接地保护,为作业人员进行停电施工作业提供一个区域内安全不带电的作业环境。施工完毕后,使用绝缘短杆按相反顺序恢复主导线的连接。

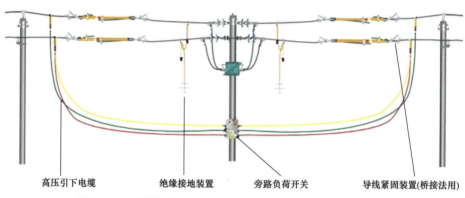

高压引下电缆　　　绝缘接地装置　　　旁路负荷开关　　　导线紧固装置(桥接法用)

图1　10kV 配电线路绝缘短杆桥接带电作业工作原理示意图

5　作业要求

5.1　一般要求

5.1.1　人员及工器具

作业人员应符合 GB 26859—2011 中 4.1、GB/T 34577—2017 中 4.1 条款中的相关要求。

其中作业人员配置和工器具配备的基本要求参见附录 A。

5.1.2　气象条件

应符合 GB/T 34577—2017 中 4.2 条款中的相关要求。

5.1.3　工作票制度

应符合 GB/T 34577—2017 中 5.1 条款中的相关要求。

5.1.4　工作监护制度

应符合 GB/T 34577—2017 中 5.2 条款中的相关要求。

5.1.5　工作间断和终结制度

应符合 GB/T 34577—2017 中 5.3 条款中的相关要求。

5.2 其他要求

5.2.1 工作负责人在绝缘短杆桥接工作开始前，应与值班调控人员或运维人员联系，履行许可手续。工作结束后应及时向值班调控人员或运维人员汇报。严禁约时停用或恢复重合闸。

5.2.2 在绝缘短杆作业过程中如带电设备突然停电，作业人员应视设备仍然带电。工作负责人应尽快与值班调控人员联系，值班调控人员未与工作负责人取得联系前不得强送电。

5.2.3 开展绝缘短杆作业前，应勘察配电线路是否符合作业条件、同杆（塔）架设线路及其方位和电气间距、作业现场条件和环境及其他影响作业的危险点，并根据勘察结果确定作业方法、所需工具以及应采取的措施。

5.2.4 作业中使用的工器具应试验合格，制订使用说明和安全技术措施，并经本单位批准后方可使用。工器具的主要技术要求参见附录 B。

5.2.5 绝缘短杆作业过程中有可能引起不同电位设备之间发生短路或接地故障时，应对设备设置绝缘遮蔽。

5.2.6 当绝缘短杆作业人员与作业范围内接地体和相邻带电体的空气间隙不满足安全距离时，作业前均应进行绝缘遮蔽。

5.2.7 绝缘短杆作业法的绝缘承载工具为相地主绝缘，空气间隙为相间主绝缘，绝缘遮蔽用具、绝缘防护用具为辅助绝缘。

6 作业项目及安全注意事项

6.1 绝缘短杆桥接（网架负荷转移）

6.1.1 现场操作前准备

主要工作内容如下：

a) 工作负责人核对线路名称、杆号；

b) 工作负责人应与值班调控人员或运维人员确认桥接开断线路后端负荷已通过网架或者发电车等方式转移，处于空载状态，检查作业装置和现场环境符合绝缘短杆作业条件；

c) 工作负责人按配电带电作业工作票内容与值班调控人员联系，申请停用线路重合闸；

d） 绝缘斗臂车进入合适位置，并可靠接地；根据道路情况设置安全围栏、警告标志或路障；

e） 工作负责人召集工作人员交代工作任务，对工作班成员进行危险点告知，交代安全措施和技术措施，确认每一个工作班成员都已知晓，检查工作班成员精神状态是否良好，人员是否合适；

f） 整理材料，对安全用具、绝缘工具进行检查，对绝缘工具应使用绝缘测试仪进行分段绝缘检测，绝缘电阻值不低于 700MΩ，检查绝缘臂、绝缘斗，确保斗臂车运行状态良好。

6.1.2 绝缘短杆桥接开断导线

操作步骤如下：

a） 作业人员穿戴好绝缘防护用具，进入绝缘斗，挂好安全带保险钩；

b） 斗内作业人员将绝缘斗调整至带电导线横担下侧适当位置，使用验电器对导线、绝缘子、横担进行验电，确认无漏电现象；

c） 负荷转移后使用电流检测仪测量导线电流，确认每相空载电流不超过5A；

d） 使用绝缘杆式导线剥线器剥除主导线的绝缘层；

e） 斗内作业人员（#1）面对导线，先安装导线紧固装置（桥接法用）一侧卡线器，安装位置要求使得最终剥线位置处于导线紧固装置（桥接法用）的中间，斗内作业人员（#2）使用勾头绝缘操作杆将导线紧固装置（桥接法用）的挡板打开，使得导线能够进入到卡线器的卡槽内，关闭挡板；

f） 斗内作业人员（#1）使用绝缘摇把杆，将扭力转接头与导线紧固装置（桥接法用）的螺栓型紧固装置连接并托举到架空导线，并安装另一侧卡线器，斗内作业人员（#2）使用勾头绝缘操作杆将导线紧固装置（桥接法用）的挡板打开，使得导线能够进入到卡线器的卡槽内，关闭挡板；

g） 斗内作业人员（#1）使用绝缘摇把杆，旋转摇把，收紧导线；

h） 斗内作业人员（#2）使用绝缘杆切刀将导线剪断，断点位置应处于中间导线紧固装置（桥接法用）有效的主绝缘位置；

i)　斗内作业人员（#1）用验电器，确认电源侧导线有电，负荷侧导线已停电；

j)　斗内作业人员（#1）使用自锁式绝缘万能夹钳对剪断的导线安装绝缘尾线套管等绝缘遮蔽装置；

k)　其余两相导线按相同方法进行；

l)　绝缘斗退出作业区域，作业人员返回地面；

m)　完成在停电区域内的检修工作。

具体操作示例见附录 C。

6.1.3　绝缘短杆桥接恢复导线

操作步骤如下：

a)　作业人员穿戴好绝缘防护用具，进入绝缘斗，挂好安全带保险钩；

b)　斗内作业人员将绝缘斗调整至带电导线横担下侧适当位置，使用验电器对绝缘子、横担进行验电，确认无漏电现象；

c)　斗内作业人员（#2）使用自锁式绝缘万能夹钳取下绝缘尾线套管等绝缘遮蔽装置，斗内作业人员（#1）和斗内作业人员（#2）配合使用自锁式绝缘万能夹钳将负荷侧导线与压接管连接，斗内作业人员（#2）使用绝缘杆遥控压接钳进行压接，斗内作业人员（#1）与斗内作业人员（#2）配合使用自锁式绝缘万能夹钳将电源侧导线与压接管连接，斗内作业人员（#2）使用绝缘杆遥控压接钳进行压接；

d)　斗内作业人员（#1）与斗内作业人员（#2）配合使用自锁式绝缘万能夹钳将电源侧导线与压接管连接，斗内作业人员（#2）使用绝缘杆压接钳夹住压接管，使用压接钳遥控装置，控制压接钳进行压接，使得压接管与电源侧导线接触良好；

e)　斗内作业人员（#2）使用电流检测仪检测电流，确认通流正常，斗内作业人员（#1）使用自锁式绝缘万能夹钳夹住绝缘套管，将绝缘套管覆盖住裸露导线，恢复导线绝缘；

f)　斗内作业人员（#2）使用绝缘旋转式扭力传动杆，拆除导线紧固装置（桥接法用），随后在压接管罩盒两端缠绕绝缘胶带，以做好防水处置；

g)　其余两相导线连接按相同的方法进行；

h) 绝缘斗退出作业区域，作业人员返回地面。

具体操作示例见附录 D。

6.1.4 安全注意事项

主要内容如下：

a) 作业人员进行换相工作转移前，应得到监护人的许可；

b) 带电断、接线时，作业人员应戴护目镜，保持带电断线头对地及邻相导线的安全距离；

c) 作业时，严禁人体同时接触两个不同的电位体，绝缘斗内双人工作时禁止两人接触不同的电位体；

d) 切断导线时要防止断开的导线头摆动，切断的导线应采取导线端头遮蔽罩等遮蔽措施；

e) 当绝缘斗臂车绝缘斗在有电区域内转移时，应缓慢移动，动作要平稳，严禁使用快速档，绝缘斗臂车在作业时，发动机不能熄火（电能驱动型除外），以保证液压系统处于工作状态；

f) 作业线路下层有低压线路同杆并架时，如妨碍作业，应对作业范围内的相关低压线路采取绝缘遮蔽措施；

g) 在同杆架设线路上工作，与上层线路小于安全距离规定且无法采取安全措施时，不得进行该项工作；

h) 作业过程中禁止摘下绝缘防护用具。

6.2 绝缘短杆桥接（旁路负荷转移）

6.2.1 现场操作前准备

主要工作内容如下：

a) 工作负责人核对线路名称、杆号；

b) 工作负责人应与运行部门共同确认、检查作业装置和现场环境符合绝缘短杆旁路作业条件；

c) 工作负责人按配电带电作业工作票内容与值班调控人员联系，申请停用线路重合闸；

d) 绝缘斗臂车进入合适位置，并可靠接地，根据道路情况设置安全围栏、警告标志或路障；

e) 工作负责人召集工作人员交代工作任务，对工作班成员进行危险点告知，交代安全措施和技术措施，确认每一个工作班成员都已知晓，检查工作班成员精神状态是否良好，人员是否合适；

f) 整理材料，对安全用具、绝缘工具进行检查，对绝缘工具应使用绝缘测试仪进行分段绝缘检测，绝缘电阻值不低于 700MΩ，检查绝缘臂、绝缘斗良好，调试斗臂车。

6.2.2 旁路架空敷设

主要步骤如下：

a) 作业人员穿戴好绝缘防护用具，进入绝缘斗，挂好安全带保险钩；

b) 斗内作业人员用电流检测仪测量架空线电流，确认电流不超过旁路系统容量的 80%；

c) 安装旁路电缆输送装置（中间支持工具、电缆导入轮支架、电缆导入轮、架空敷设旁路电缆承力绳等）；

d) 牵引展放旁路电缆；

e) 电源侧和负荷侧电杆上安装旁路负荷开关和余缆支架（架空敷设时开关比输送绳高 1m 至 1.5m，余缆支架比开关低 0.5m 左右，地面敷设时开关安装在距地面 5m 左右），并将旁路负荷开关外壳接地；

f) 在电源侧和负荷侧电杆处，将旁路电缆、旁路高压引下电缆和旁路负荷开关可靠接续；

g) 将旁路电缆首、末端高压转接电缆引下线分别置于悬空位置，依次合上电源侧和负荷侧旁路负荷开关，斗内作业人员配合地面人员检测旁路系统绝缘电阻（应不小于 500MΩ），对旁路系统进行有效放电；

h) 绝缘电阻检测完毕后，斗内作业人员分别断开电源侧和负荷侧旁路负荷开关，并锁死保险环；

i) 斗内作业人员将绝缘斗调整至带电导线横担下侧适当位置，使用验电器对导线、绝缘子、横担进行验电，确认无漏电现象；

j) 斗内作业人员对作业范围内不满足安全距离的带电体和接地体进行绝缘遮蔽；

k) 斗内作业人员使用绝缘操作杆将两侧旁路高压引下电缆按照相序标示与架空线路可靠连接。

6.2.3 旁路地面敷设

主要步骤如下：

a) 作业人员根据施工方案敷设旁路设备地面防护装置，按照电缆进出线保护箱、电缆绝缘护线管及护线管接口绝缘护罩、电缆对接头保护箱（在 T 接点敷设电缆分接头保护箱）、电缆绝缘护线管及护线管接口绝缘护罩、电缆进出线保护箱的顺序；

b) 作业人员在敷设好的旁路设备地面防护装置内敷设旁路电缆；

c) 在工作负责人指挥下，作业人员根据施工方案，使用电缆直线对接头、电缆 T 接头将敷设好的旁路电缆按相位色连接好，检查无误后，作业人员盖好旁路设备地面防护装置保护盖；

d) 旁路电缆地面敷设中如需跨越道路时，应使用电缆架空跨越支架将旁路电缆架空敷设并可靠固定。

6.2.4 旁路回路投入运行

主要步骤如下：

a) 合上电源侧旁路负荷开关；

b) 在负荷侧旁路负荷开关处核相，确认相位无误，合上负荷侧旁路负荷开关；

c) 用电流检测仪检测高压引下电缆的电流，确认通流正常。

6.2.5 绝缘短杆桥接开断导线

操作步骤参见 6.1.2，但省略步骤 c）。

6.2.6 绝缘短杆桥接恢复导线

操作步骤参见 6.1.3。

6.2.7 安全注意事项

主要内容如下：

a) 输送绳与电缆导入轮及输送绳与输送绳之间的连接应牢固、可靠，输送绳受力后，在紧线工具卷槽内输送绳匝数不得低于 5 圈；

b) 在输送绳安装过程中，与有电设备应保持有足够的安全距离；

c) 旁路柔性电缆采用地面敷设时，应对地面的旁路作业设备采取可靠的绝缘防护措施后方可投入运行，确保绝缘防护有效；

d) 旁路柔性电缆采用地面敷设时旁路电缆运行期间，应派专人看守、巡

　　视，防止外人碰触；

- e）　合上旁路负荷开关，旁路电缆投入运行前应确认相位正确；
- f）　旁路电缆绝缘检测后和退出运行后应充分放电，方可接触；
- g）　作业人员进行换相工作转移前，应得到监护人的许可；
- h）　带电断、接导线时，作业人员应戴护目镜，保持带电导线对地及邻相导线的安全距离；
- i）　作业时，严禁人体同时接触两个不同的电位体，绝缘斗内双人工作时禁止两人接触不同的电位体；
- j）　切断导线时要防止线头摆动。切断的导线端头应使用导线端头遮蔽罩等绝缘遮蔽装置。

7　绝缘短杆包装、运输、保管及试验

7.1　包装

　　绝缘短杆及其配套工器具应用防潮的塑料袋或其他防潮材料包装，统一放置于专用外包装箱或塑料桶内，并在外部应标明：制造厂家名称、厂址，产品规格、型号，防潮、防高温、防雨淋等标志，出厂日期。

7.2　运输

　　工器具运输过程中，各种工器具应存放在专用工具、工具箱或工具车内，以防受潮和损伤。

7.3　保管

　　绝缘短杆及其配套工器具应该存放于满足 DL/T 974—2018 规定的带电作业工具房内，应放在干燥、通风、避免阳光直晒、无腐蚀及有害物质的固定位置。

7.4　试验

　　试验周期监测应满足 DL/T 976—2018 带电作业工具、装置和设备预防性试验规程的相关要求。

8　其他说明

　　鉴于各地电气设备型式多样，杆上设备布置差异较大，作业项目种类较多，因此本文件在作业项目及操作方法上只做原则指导。

附 录 A

（资料性）

推荐人员及工器具配备

推荐人员分工和工器具配备见表 A.1 及表 A.2。

表 A.1　人员分工表

人员分工	人数
工作负责人	1 人
专职监护人	1 人
斗内作业人员	2 人
地面作业人员	1 人
配合人员	5 人

表 A.2　工器具配备表

序号	工器具名称		规格、型号	数量	备注
1	特种车辆	绝缘斗臂车	10kV	1 辆	
2		旁路作业车	10kV	1 辆	用于旁路作业设备（包括负荷开关、电缆卷盘、高压引线电缆、控制柜）装载、运输、展放及存储
3	绝缘防护用具	绝缘手套	—	2 副	
4		绝缘安全帽	10kV	2 顶	
5		绝缘安全带	10kV	2 副	
6	绝缘工具	绝缘传递绳	12m	2 根	
7		导线紧固装置（桥接法用）	10kV	2 套	三相
8		绝缘旋转式扭力传动杆（下出力）	10kV	1 套	万向接口
9		绝缘剥线回转器	10kV	1 套	
10		绝缘杆遥控切刀	10kV	1 套	
11		自锁式绝缘万能夹钳	10kV	2 根	
12		绝缘杆遥控压接钳	10kV	1 套	
13		绝缘尾线套管	10kV	12 个	

表 A.2（续）

序号	工器具名称		规格、型号	数量	备注
14	旁路电缆架空敷设工具	高压旁路电缆	10kV	若干	
15		旁路高压引下电缆	10kV	6 条	
16		旁路负荷开关	10kV	2 台	带核相装置，根据实际情况选定开关容量
17		余缆支架	—	2 套	
18		旁路电缆导入轮	—	若干	
19		输送绳	50m、100m	若干	专用承力绳
20		输送绳	1m、2m、7m	若干	专用承力绳
21		连接器	MR—A	若干	两端带螺纹
22		连接器	MR—B	若干	一端带螺纹
23		引入固定工具	—	若干	引入滑轮固定
24		柱上固定工具	—	若干	输送绳固定
25		中间支持工具	直线支架	若干	专用
26		中间支持工具	转角支架	若干	专用
27		紧线工具	—	1 套	输送绳紧线
28	地面敷设用具	电缆绝缘护线管及护线管接口绝缘护罩	—	若干	根据现场实际需要
29		电缆对接头保护箱	—	若干	根据现场实际需要
30		电缆分接头保护箱	—	若干	根据现场实际需要
31		电缆进出线保护箱	—	2 个	
32		电缆架空跨越支架	支架高 5m	2 个	
33	其他	电流检测仪	高压	1 套	
34		绝缘测试仪	2500V 及以上	1 套	
35		绝缘放电杆	10kV	1 副	
36		接地线	—	2 副	
37		验电器	10kV	1 套	
38		护目镜	—	2 副	
39		导线接续管	—	3 个	根据现场实际线号选择

附 录 B

（资料性）

绝缘短杆桥接工具技术要求

绝缘短杆桥接工具技术要求见表 B.1～表 B.8。

表 B.1 导线紧固装置（桥接法用）

项目	单位	标准参数值
材质	—	环氧树脂材质＋合金材质
机械强度	—	符合检测标准的机械强度
工作电压	kV	10
重量	kg	≤10
杆长	m	≥2
伸缩长度	m	≤0.5
结构功能	—	卡紧导线，转移导线张力，为下一步断线做准备

表 B.2 自锁式绝缘锁线杆

项目	单位	标准参数值
材质	—	环氧树脂材质＋合金材质
机械强度	—	符合检测标准的机械强度
工作电压	kV	10
重量	kg	≤2.5
杆长	m	≥1.5
结构功能	—	在导线变形及断、接导线时使用，可锁住截面积为 $35mm^2$～$240mm^2$ 的导线，自锁式结构，锁住后可松手，起到固定导线的作用

表 B.3 绝缘旋转式扭力传动杆

项目	单位	标准参数值
材质	—	环氧树脂材质＋合金材质
机械强度	—	符合检测标准的机械强度
工作电压	kV	10
重量	kg	≤2.5
长度	m	≥1.5
功能结构	—	1）由摇把出力，用于紧固导线紧固装置（桥接法用） 2）可以更换杆头作业金具，用于其他作业项目

表 B.4 绝缘摇把式扭力传动杆

项目	单位	标准参数值
材质	—	环氧树脂材质+合金材质
机械强度	—	符合检测标准的机械强度
工作电压	kV	10
重量	kg	≤2.5
长度	m	≥1.5
功能结构	—	1）与剥线器配合使用，快插式接口，轴传动原理，可转换力，扭力转化箱具备防卡死保护机构； 2）可通过快速更换作业终端实现多种架空导线的切割、C型/J型线夹安装、螺母紧固及拆卸

表 B.5 勾头快插式绝缘操作杆

项目	单位	标准参数值
材质	—	环氧树脂材质+合金材质
机械强度	—	符合检测标准的机械强度
工作电压	kV	10
重量	kg	≤1.2
杆长	m	≥1.5
结构功能	—	快插式接口，杆子顶部和钩头工具头可实现快速插拔安装

表 B.6 自锁式绝缘万能夹杆

项目	单位	标准参数值
材质	—	绝缘材质
工作电压	kV	10
规格范围导线	mm²	可夹持35～300
长度	m	≥1.5
重量	kg	≤2.0
结构功能	—	可在任意位置锁止，用于加持各种作业工具，可以安装不同的作业金具

表 B.7 剥线回转器

项目	单位	标准参数值
材质	—	聚乙烯材质＋合金
工作电压	kV	10

表 B.7（续）

项目	单位	标准参数值
重量	kg	≤1.5
结构功能	—	齿轮传动结构，与模具固定为弹簧按钮固定
功能要求	—	为剥线主设备，需采用滚轴传动式原理；剥线回转器与传动杆组合使用，两者未使用时为分离状态，两者通过卡扣一键式安装

表 B.8　剥线器切刀模具

项目	单位	标准参数值
材质	—	合金
重量	kg	≤0.75
工作电压	kV	10
规格范围导线	mm²	35、70、95、120、150、185、240
功能要求	—	分别适用于各种不同截面绝缘线的剥线操作，配备固定剥线刀片，每副切刀模具正常使用次数不小于 3000 次

表 B.9　尾线套管

项目	单位	标准参数值
工作电压	kV	10
重量	kg	≤0.125
功能结构	—	使用自锁式绝缘夹杆进行安装，在导线被切断后安装在导线末端断口处，防止端口位置漏电

附 录 C

（资料性）

绝缘短杆桥接开断导线操作步骤示例

a) 作业人员穿戴好绝缘防护用具，进入绝缘斗，挂好安全带保险钩；

b) 斗内作业人员将绝缘斗调整至带电导线横担下侧适当位置，使用验电器对导线、绝缘子、横担进行验电，确认无漏电现象（见图C.1）；

图 C.1 绝缘短杆桥接开断导线操作步骤：步骤 b

c) 负荷转移后使用电流检测仪测量导线电流，确认每相空载电流不超过5A（仅针对网架负荷转移情况下的绝缘短杆桥接工作，见图C.2）；

图 C.2 绝缘短杆桥接开断导线操作步骤：步骤 c

d) 使用绝缘杆式导线剥线器剥除主导线的绝缘层（见图C.3）；

e) 斗内作业人员（#1）使用绝缘摇把杆，将扭力转接头与导线紧固装置（桥接法用）的螺栓型紧固装置连接并托举到架空导线，并安装另一侧卡线器，斗内作业人员（#2）使用勾头绝缘操作杆将导线紧固装置

（桥接法用）的挡板打开，使得导线能够进入到卡线器的卡槽内，关闭挡板（见图C.4）；

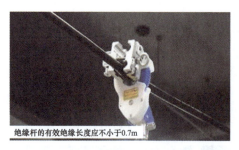

图 C.3　绝缘短杆桥接开断导线操作步骤：步骤 d

图 C.4　绝缘短杆桥接开断导线操作步骤：步骤 e

f)　斗内作业人员（#1）使用绝缘摇把杆，将扭力转接头与导线紧固装置（桥接法用）的螺栓型紧固装置连接并托举到架空导线，并安装另一侧卡线器，斗内作业人员（#2）使用勾头绝缘操作杆将导线紧固装置（桥接法用）的挡板打开，使得导线能够进入到卡线器的卡槽内，关闭挡板（见图C.5）；

图 C.5　绝缘短杆桥接开断导线操作步骤：步骤 f

g)　斗内作业人员（#1）使用绝缘摇把杆，旋转摇把，收紧导线（见图 C.6）；

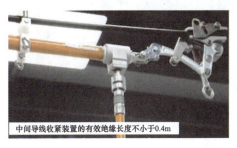

中间导线收紧装置的有效绝缘长度不小于0.4m

图 C.6　绝缘短杆桥接开断导线操作步骤：步骤 g

h)　斗内作业人员（#2）使用绝缘杆切刀将导线剪断，断点位置应处于中间导线紧固装置（桥接法用）有效的主绝缘位置（见图 C.7）；

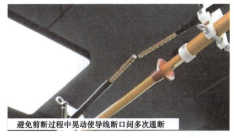

在完全切断之前夹杆禁止松开导线

避免剪断过程中晃动使导线断口间多次通断

图 C.7　绝缘短杆桥接开断导线操作步骤：步骤 h

i)　斗内作业人员（#1）用验电器，确认电源侧导线有电，负荷侧导线已停电（见图 C.8）；

图 C.8　绝缘短杆桥接开断导线操作步骤：步骤 i

j)　斗内作业人员（#1）使用自锁式绝缘万能夹钳对剪断的导线安装绝缘尾线套管等绝缘遮蔽装置（见图 C.9）；

图 C.9　绝缘短杆桥接开断导线操作步骤：步骤 j

k）　其余两相导线连接按相同的方法进行；

l）　绝缘斗退出作业区域，作业人员返回地面；

m）　完成在停电区域内的检修工作。

附 录 D

（资料性）

绝缘短杆桥接恢复导线操作步骤示例

a) 作业人员穿戴好绝缘防护用具，进入绝缘斗，挂好安全带保险钩；

b) 斗内作业人员将绝缘斗调整至带电导线横担下侧适当位置，使用验电器对绝缘子、横担进行验电，确认无漏电现象；

c) 斗内作业人员（#2）使用自锁式绝缘万能夹钳取下绝缘尾线套管等绝缘遮蔽装置，斗内作业人员（#1）和斗内作业人员（#2）配合使用自锁式绝缘万能夹钳将负荷侧导线与压接管连接，斗内作业人员（#2）使用绝缘杆遥控压接钳进行压接，斗内作业人员（#1）与斗内作业人员（#2）配合使用自锁式绝缘万能夹钳将电源侧导线与压接管连接，斗内作业人员（#2）使用绝缘杆遥控压接钳进行压接（见图 D.1）；

图 D.1 绝缘短杆桥接恢复导线操作步骤：步骤 c

d) 斗内作业人员（#1）与斗内作业人员（#2）配合使用自锁式绝缘万能夹钳将电源侧导线与压接管连接，斗内作业人员（#2）使用绝缘杆压接钳夹住压接管，使用压接钳遥控装置，控制压接钳进行压接，使得压接管与电源侧导线接触良好（见图 D.2）；

e) 斗内作业人员（#2）使用电流检测仪检测电流，确认通流正常，斗内作业人员（#1）使用自锁式绝缘万能夹钳夹住绝缘套管，将绝缘套管覆盖住裸露导线，恢复导线绝缘（见图 D.3）；

图 D.2   绝缘短杆桥接恢复导线操作步骤：步骤 d

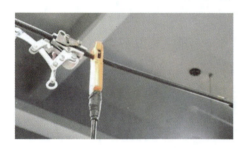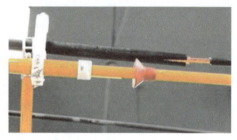

图 D.3   绝缘短杆桥接恢复导线操作步骤：步骤 e

f）   斗内作业人员（#2）使用绝缘旋转式扭力传动杆，拆除导线紧固装置（桥接法用），随后在压接管罩盒两端缠绕绝缘胶带，以做好防水处置（见图 D.4）；

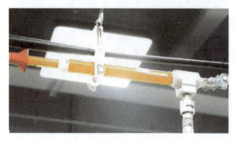

图 D.4   绝缘短杆桥接恢复导线操作步骤：步骤 f

g）   其余两相导线连接按相同的方法进行；

h）   绝缘斗退出作业区域，作业人员返回地面。

附　录　E
（资料性）
10kV 配电线路绝缘短杆桥接带电作业典型案例

2020 年 7 月，因上海市轨道交通工程浦西段长江南路～丹阳路站范围内的车站、区间等各项主体工程建设影响到各电压等级的电力管道、电力电缆、电力架空线等电力设施，因此需按照工程所需进行搬迁工作。

此次轨交 18 号线江浦路站（控江路—本溪路）电力管线搬迁代工工程涉及的电力设施的电系图如图 E.1 所示，工程范围为以江浦路、控江路北侧人行道以北至江浦路本溪路，主要任务包括：将江浦 90#杆至江浦 95#杆及杆上高低压导线、自落熔丝等全套设备、电缆均向西搬迁至适当位置，江浦 93# 杆、江浦 93#甲杆、江浦 94#杆均调换成钢杆。

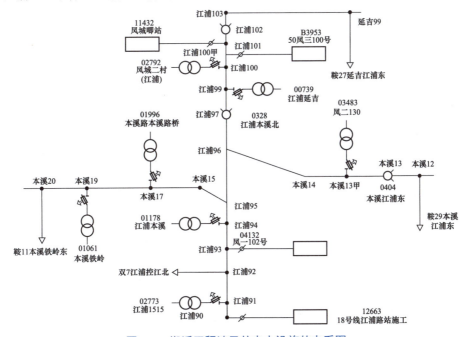

图 E.1　搬迁工程涉及的电力设施的电系图

由于本工程涉及大量居民台区，某供电公司决定采用不停电作业法完成本次工程。负荷转移和发电车接入情况如图 E.2 所示。

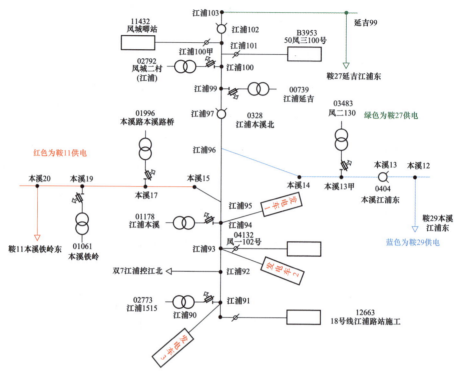

图 E.2 本次工程实施的带电作业方案制定

根据现场勘查结果，本溪 13#杆向西至本溪 21#杆原由双 7 江浦控江北出线电缆供电，为实施本次搬迁工程，需进行负荷转移：本溪 15#杆向西至本溪 20#杆改由鞍 11 本溪铁岭东供电，本溪 14#杆向东至本溪 12#杆改由鞍 29 本溪江浦东供电。为完成负荷转移作业，如果采用传统带电作业方法，则需要在本溪 15#杆实施带负荷直线杆改耐张杆项目。由于本溪 15#杆为转角钢杆，无法直接开分段，需要先带电立杆，再直线杆改耐张杆，工作方案较为复杂且耗时较长。

为降低带电作业时间，某供电公司决定应用绝缘短杆桥接法，在本溪 15#杆西侧进行带电开断导线作业，并在本溪 15#杆加装旁路负荷开关完成负荷割接。表 E.1 对比展示了采用停电作业方法、传统带电作业方法和绝缘短杆桥接作业法的本溪 15#杆负荷割接作业的实施效果。

表 E.1　不同作业方法的实施效果

项目	停电作业方法	传统带电作业方法	绝缘短杆桥接作业法
作业时长	16 小时	6 小时	1 小时
停电时户数	208 时户	0 时户	0 时户
人员培训周期	3 年	5 年	1 周

通过对比发现，相比较停电作业法，传统带电作业方法和绝缘短杆桥接作业法都能提高作业效率，有效降低停电时户数。但是，对于传统的带电作业方案，由于转角钢杆无法开分段，需要先带电立杆，再直线杆改耐张杆。整个流程现场工作时间核定为 6 个小时。作业人员在相间穿梭作业，需要时刻把控安全距离。作业人员需要有 5 年以上工作经验才可胜任；而新型的绝缘短杆桥接法结合旁路作业，减少了复杂的绝缘遮蔽，作业步骤极大简化，整个流程的完成时间也降低到 1 小时以内，安全性也有极大提升。作业人员只需要经过 1 周的专项培训，即可胜任该作业项目。由此可见，绝缘短杆桥接法结合旁路作业拓展了传统带电作业的适用范围，可在任意的线档内完成断开的作业，因此可有效减少旁路敷设距离，缩减旁路系统作业半径，可以极大提高旁路作业的工作效率、安全系数和人员培养效率。此外，设备一体化集成了卡线器与紧线器等结构，可减少携带设备的种类。

附录 2　城市低压用户供电可靠性评价规程
第 1 部分：通用要求
（征求意见稿）

Reliability Evaluation Code for Low Voltage Customer
Part 1： General Rules

1　范围

本文件规定了城市低压用户供电可靠性评价过程中的名词术语、低压停电分类、数据采集和管理、指标定义等内容。

本规程适用于地级市及以上城市所辖范围内配电网全部低压用户的供电可靠性评价体系。对于其他行政等级城市、城市内部划分的城区、镇区、乡村等其他类型地区的低压用户供电可靠性对标评价，可参照本文件通用要求。

2　规范性引用文件

下列文件对于本文件的应用是必不可少的。凡是注日期的引用文件，仅所注日期的版本适用于本文件。凡是不注日期的引用文件，其最新版本（包括所有的修改单）适用于本文件。

GB/T 28583　供电服务规范

GB/T 43794　用户供电可靠性评价指导导则

DL/T 836.1　供电系统供电可靠性评价规程　第 1 部分：通用要求

DL/T 836.3　供电系统供电可靠性评价规程　第 3 部分：低压用户

DL/T 861　电力可靠性基本名词术语

3　术语和定义

下列术语和定义适用于本文件。

3.1

低压用户　customer of low voltage

以 380V/220V 电压受电的用户。

［来源：DL/T 836.1—2016，2.3.1］

3.2

低压用户供电可靠性　power supply reliability for customer of low voltage

供电系统对低压用户持续供电的能力。

［修改：GB/T 28583—2012，3.8］

3.3

配变监测终端　transfomer terminal unit

TTU，远程采集配变运行情况，并将量测和状态信息上传配网自动化系统。

3.4

集中器　concentrator

远程集中抄表系统的中心管理设备和控制设备，负责定时读取终端数据、系统的命令传送、数据通信、网络管理、事件记录、数据的横向传输等功能。

3.5

智能电能表　intelligent electric meter

具有电能量计量、数据处理、实时监测、自动控制、信息交互等功能的电能表。

3.6

高速电力线载波　high speed power line communication

HPLC，也称为宽带电力线载波，具有带宽大、传输速率高等特点，可以满足低压电力线载波通信更高的需求。

3.7

故障停电　failure interruption

供电系统无论何种原因未能按规定程序向调度提出申请，并在 6h（或按供电合同要求的时间）前得到批准且通知主要用户的停电。

［来源：DL/T 836.1－2016，2.8.1］

3.8

预安排停电　scheduled interruption

凡预先已做出安排，或在 6h（或按供电合同要求的时间）前得到调度或相关运行部门批准且通知用户的停电。

［来源：DL/T 836.1—2016，2.8.2］

4　低压停电分类

低压用户停电主要可以分为高中压电网停电、低压电网停电和低压户内装置停电三大类。

4.1　高中电网停电

由 10（6.6）kV 及以上高中压电网或设施停电引起的低压用户停电，包括高中压电网或设施的预安排停电和故障停电。

4.2　低压电网停电

0.4 千伏低压电网或设施停电引起的低压用户停电，包括低压电网预安排停电和故障停电。

4.3　低压户内装置停电

由于低压用户接户点至用户计量表计之前的低压装置停电引起的低压用户停电，包括预安排停电（主要为表计轮换）以及装置故障停电。

5　数据采集和管理

5.1　运行数据采集

5.1.1　全量采集模式

基于 HPLC 电表覆盖，通过低压用户停上电信息进行全量采集，按台区、分相线路、表箱对低压用户停电事件进行归集，实现多维度停电事件数据管理，并采用低压用户负荷数据和台区集中器停上电事件进行校验，通过自动或人工补全形成完整有效的低压用户停上电事件。

5.1.2　网络拓扑模式

基于变‒线‒户档案关系，结合中压停电数据，通过拓扑关系生成低压用户停电事件数据。基于低压用户停电报修、低压设备检修数据，对拓扑无法采集到的数据进行补充。利用 HPLC 智能电表采集低压用户停上电信息，对停电事件进行校验。

5.1.3 抽样采集模式

根据应用区域智能电表的用电信息采集情况，设计抽样点选取规则和停电信息采集、传输规则，建立低压用户停电抽样采集模型，接收用采系统抽样采集的智能电表停上电事件，结合供电拓扑数据，实现对低压用户停电自动分析，生成低压可靠性停电事件。

5.2 全量采集模式

5.2.1 运行数据采集

全量采集运行数据来源于实时全量采集的中低压用户运行数据，包括：台区停上电事件、电流和电压准实时曲线，HPLC 电表的相位、停上电事件、电流和电压准实时曲线等。同时接入 95598 报修工单、作业管控计划检修、调度运行日志、营销业扩、生产管理操作票等外部业务数据用于辅助分析停电事件。

5.2.2 统计方法

全量采集模式统计方法包括基础数据统计和运行数据统计。其中基础数据统计以低压电网模型为基础，对各设备的挂接情况进行统计；运行数据分析统计以停电信息池为基础，根据数据维护校验功能辅助统计各设备的停电时长、停电次数等运行情况。

5.3 网络拓扑模式

5.3.1 运行数据采集

网络拓扑模式中用于数据采集的方法分为低压停电事件采集、用户报修信息采集、智能采集装置信息采集和其他低压停电信息采集，各采集方法见附录 A。

5.3.2 统计方法

网络拓扑模式中所统计的数据来源主要为中压电网停电集成、低压用户报修信息集成和 HPLC 采集信息集成三大类，详细解释见附录 B。

5.4 抽样采集模式

5.4.1 运行数据采集

每 24 小时对电能表存储的停电事件进行召测或接收电能表主动上报信息，获取停电数据。停电数据内容包括公变台区停电事件数据和低压用户停电事件数据。

5.4.2 统计方法

抽样采集模式中所统计的数据来源主要为触发式抽样采集、随机抽样采集和最小停电单元抽样采集 3 大类，各采集方法细则见附录 C。

6 指标定义

6.1 主要指标及计算公式

6.1.1 用户平均停电时间

在统计期间内，供电系统用户的平均停电小时数，记作 $SAIDI$（h/户）。

$$SAIDI = \frac{\sum T_{e \cdot i}}{C_{e \cdot i}} \tag{1}$$

［来源：GB/T 43794—2024，5.2］

式中：

$T_{e \cdot i}$——第 i 个用户的累计停电持续时间，单位为小时（h）；

$C_{e \cdot i}$——总用户数，单位为户。

6.1.2 用户平均供电可靠率

在统计期间内，对用户有效供电小时数与统计期间小时数的比例，记作 $ASAI$（%）。

$$ASAI = \left(1 - \frac{SAIDI}{T_{P}}\right) \times 100\% \tag{2}$$

［来源：GB/T 43794—2024，5.3］

式中：

$SAIDI$——用户平均停电时间，单位为小时每户（h/户）；

T_{P}——统计期间时间，单位为小时（h）。

6.1.3 用户平均停电频率

在统计期间内，供电系统用户的平均停电次数，记作 $SAIFI$（次/户）。

$$SAIFI = \frac{\sum N_{e \cdot i}}{C_{e \cdot i}} \tag{3}$$

［来源：GB/T 43794—2024，5.4］

式中：

$N_{e \cdot i}$——第 i 个用户的停电次数，单位为次；

$C_{e \cdot i}$——总用户数，单位为户。

6.1.4 平均系统等效停电频率

在统计期间内，因系统对用户停电的影响折（等效）成全系统（全部用户）停电的等效次数，记作 $ASIFI$（次）。

$$ASIFI = \frac{\sum S_i}{S_e} \qquad (4)$$

［来源：GB/T 43794—2024，5.13］

式中：

S_i——第 i 次停电的用户停电容量，单位为千伏安（kVA）；

S_e——总用户容量，单位为千伏安（kVA）。

6.1.5 平均系统等效停电时间

在统计期间内，因系统对用户停电的影响折（等效）成全系统（全部用户）停电的等效小时数，记作 $ASIDI$（h）。

$$ASIDI = \frac{\sum W_i}{S_e} \qquad (5)$$

［来源：GB/T 43794—2024，5.12］

式中：

W_i——第 i 次停电的用户缺供电量，单位为千伏时（kWh）；

S_e——总用户容量，单位为千伏安（kVA）。

6.2 参考指标及计算公式

6.2.1 平均停电持续时间

在统计期间，平均每次平均停电的小时数，记作 MID（h/次）。

$$MID = \frac{\sum T_i}{N} \qquad (6)$$

［来源：GB/T 43794—2024，5.16］

式中：

T_i——第 i 次停电的停电持续时间，单位为小时（h）；

N——总停电次数，单位为次。

6.2.2 平均停电用户数

在统计期间，平均每次平均停电的用户数，记作 *MIC*（户/次）。

$$MIC = \frac{\sum C_i}{N} \tag{7}$$

［来源：GB/T 43794—2024，5.14］

式中：

C_i——第 i 次停电的用户数，单位为户；

N——总停电次数，单位为次。

6.2.3 停电用户平均停电频率

在统计期间内，停电用户的平均停电次数，记作 *CAIFI*（次/户）。

$$CAIFI = \frac{\sum N_{e \cdot i}}{CN} \tag{8}$$

［来源：GB/T 43794—2024，5.17］

式中：

$N_{e \cdot i}$——第 i 个用户的停电次数，单位为次；

CN——总停电用户数，单位为户。

6.2.4 停电用户平均停电时间

在统计期间内，停电用户的平均停电小时数，记作 *CAIDI*（h/户）。

$$CAIDI = \frac{\sum T_{e \cdot i}}{CN} \tag{9}$$

［来源：GB/T 43794—2024，5.5］

式中：

$T_{e \cdot i}$——第 i 个用户的累计停电持续时间，单位为小时（h）；

CN——总停电用户数，单位为户。

6.2.5 停电用户平均每次停电时间

在统计期间内，停电用户的平均每次停电时间，记作 *CTAIDI*（h/次）。

$$CTAIDI = \frac{\sum T_{e \cdot i}}{\sum N_{e \cdot i}} \tag{10}$$

［来源：GB/T 43794—2024，5.6］

式中：

$T_{e \cdot i}$——第 i 个用户的累计停电持续时间，单位为小时（h）；

$N_{e \cdot i}$——第 i 个用户的停电次数，单位为次。

6.2.6　长时间停电用户的比率

在统计期间内，累计持续停电时间大于 n 小时的用户所占的比例，记作 $CELID_{-t}$（%）。

$$CELID_{-t} = \frac{CN_{(T_e \geqslant n)}}{C_{e \cdot i}} \times 100\% \qquad (11)$$

［来源：GB/T 43794—2024，5.9］

式中：

$CN_{(T_e \geqslant n)}$——累计停电持续时间大于或等于 n 小时的用户数，单位为户；

T_e　　——用户的累计停电持续时间，单位为小时（h）；

$C_{e \cdot i}$　　——总用户数，单位为户。

6.2.7　单次长时间停电用户的比率

在统计期间内，累计持续停电时间大于 n 小时的用户所占的比例，记作 $CELID_{-s}$（%）。

$$CELID_{-s} = \frac{CN_{(t_e \geqslant n)}}{C_{e \cdot i}} \times 100\% \qquad (12)$$

［来源：GB/T 43794—2024，5.10］

式中：

$CN_{(t_e \geqslant n)}$——单次停电持续时间大于或等于 n 小时的用户数，单位为户；

t_e　　——用户单次停电持续时间，单位为小时（h）；

$C_{e \cdot i}$　　——总用户数，单位为户。

6.2.8　多次停电用户的比率

在统计期间内，所有供电用户经历停电大于或等于 n 次的用户所占的比例，记作 $CEMSMI_n$（%）。

$$CEMSMI_n = \frac{CN_{(N_e \geqslant n)}}{C} \times 100\% \qquad (13)$$

［来源：GB/T 43794—2024，5.8］

式中：

$CN_{(N_e \geqslant n)}$ ——停电次数大于或等于 n 次的用户数，单位为户；

t_e ——用户单次停电持续时间，单位为小时（h）；

$C_{e \cdot i}$ ——总用户数，单位为户。

附　录　A

（资料性）

网络拓扑模式运行数据采集细则

A.1　低压停电事件采集

根据中压停电事件，通过中低压网络拓扑，可以统计低压停电事件。其中，中压停电事件来源为可靠性系统，中低压网络拓扑逻辑来源于业务中台。

A.2　用户报修信息采集

指用户通过电力抢修热线（如 95598），向电力企业报告的低压停电事件。用户报修信息主要来源于 PMS 系统配抢模块、能源互联网营销服务系统以及其他内部业务系统。

A.3　智能采集装置信息采集

通过智能配变终端（TTU）、具有宽带载波能力的智能电表（HPLC）等采集装置获得的低压用户电表停上电信息，可以有效甄别低压设备停电事件。根据各单位的建设技术路线，系统来源包括配电自动化主站及用采系统等。

A.4　其他低压停电信息

包括通过低压停电计划或人工录入的停电信息，或采用其他信息化手段采集的低压用户停电事件。

附　录　B

（资料性）

网络拓扑模式统计方法细则

B.1　中压电网停电集成

供电可靠性管理体系中，中压停电事件编码有明确规范，具体包括单位编码、停电设备码、责任原因码等，由中压停电拓扑形成的低压停电事件，总体上可以按照中压停电事件信息自动生成低压事件信息，通过系统中的中压停电事件，结合中低压拓扑关系，直接完成相关信息集成。

B.2　低压用户报修信息集成

针对低压用户报修信息，可以通过以下方式集成用户单户停电事件：

a)　由低压用户报修信息生成低压停电事件,应当与高中压电网停电不重复。

b)　由于报修工单中，主要根据用户地址派发抢修单，因此需要与用户档案匹配，主要有模糊匹配和户号匹配两种方式。

c)　由于低压报修信息中，剔除了大面积停电事件，仅留单户停电，因此在计算时户数时，户数按照 1 户统计，停电时长可以按照用户报修及完成修复的时间。

B.3　HPLC 采集信息集成

针对通过 HPLC 采集匹配到的低压电网停电事件，当用户智能电表发送停电信号、上级台区未发送停电信号时，根据拓扑分析确定同一接入点下是否有多户 HPLC 电表发送停电信号，实现对多户低压用户停电情况的研判，通过与抢修工单进行匹配（如停电事件、停电区域等），利用抢修工单中的相关信息，完成停电事件的信息填报。针对未能匹配的停电信号，原则上纳入停电原因不明范畴。

附　录　C

（资料性）

抽样采集模式统计方法细则

C.1　触发式抽样采集

a) 台区总表表停电事件的抽样采集：每日 0 点召测昨日发生台区总表停电事件的公变（台区）（排除配变监测终端、HPLC 已确认停电的台区）下每个低压计量箱下随机 3 户电能表，根据召测用户的停电事件进一步验证公变（台区）停电，对误报停电数据进行删除，对复电时间进行补全，同时统计公变（台区）下所有低压用户停电事件。

b) 公变（台区）采集异常的抽样采集：每日分析前一日已验证停电的公变（台区）以外的公变（台区）电流电压采集情况。对电流电压出现连续 4 个点为空或者为 0，且前 7 天采集成功率 100%的公变（台区），选取采集通信优质的 3 户电能表进行停电事件召测。根据召测用户的停电事件判断是否为整公变（台区）停电，并判断公变（台区）的确切停电时间。其中，通信优质的 3 户是指冻结数据速度最快的 3 户，每 7 天根据实际通信状况进行更新。

c) 停电信息补全验证抽取：除已确认停电的公变（台区）外，对其他公变（台区）下的每个低压计量箱中的 1 户进行召测，若 80%同时间段内（停电开始时间误差在 30 分钟之内）存在掉电事件则判断为"公变（台区）停电"。并对上报的停电实际开始时间，结束时间进行补全。

d) 报修工单的停电数据触发抽取：根据有户号的工单自动下发电能表召测任务，对该户以及相同低压计量箱的另外 2 户进行召测，若只有报修用户存在掉电事件则判断为"低压用户单用户停电"；若 3 户在同时间段内（停电开始时间误差在 30 分钟之内）存在掉电事件，则对报修用户所在台区的每个计量箱中抽取 3 户进行透招，若 80%同时间段内（停电开始时间误差在 30 分钟之内）存在掉电事件则判断为"台区停电"；若其他计量箱内用户无掉电情况，则为计量箱停电，判断为"低压设施故障停电"。

C.2　随机抽样采集

a)　数据抽样规则：针对每条低压分支线下的低压计量箱，随机抽取 N 个低压用户作为抽样数据，低压用户抽样个数考虑数据传输通道稳定性及经济性决定，可选 2 个～5 个。

b)　低压计量箱状态研判：根据低压故障抢修单补全事件与抽样数据停电事件研判停电情况，若同一计量箱下同一时间段内存在 2 个及以上的用户发生停电，判断计量箱停电；否则，反之。

c)　通道稳定性校核：对统计区域内低压用户电能表开展分批次数据采集，比对每个低压用户电能表应采集及实际采集次数，对无法 100% 采集的低压用户电能表认定为数据传输通道不稳定，进行剔除，不参与抽样。

d)　数据准确性校核：采集数据存在以下情况进行剔除，不参与抽样。具体如下：停电时长小于 1 分钟的停电事件；停复电时间不全的停电事件；复电时间小于停电时间的停电事件；无用户编号或对应不上低压用户台账的停电事件。

C.3　最小停电单元抽样采集

a)　虚拟计量箱接入点抽样：将虚拟计量箱下低压用户接入点作为一个最小停电单元。随机采集最小停电单元中 2 个或以上低压用户智能电表的运行状态来反映该区域的运行状态。若抽样点皆为"运行"状态或同时存在"运行"和"停运"情况，则区域为运行状态；若抽样点皆为"停运"状态，则区域为停运状态。

b)　拓扑分相的最小停电单元抽样：抽取台区总表停电情况，同时设定末端抽样点为校验点，若总表与末端校验点停电，则台区停电，若总表运行，往后遍历最小停电单元；若该最小停电单元区域内都为单相分支、单相计量箱，则设定该区域内离台区总表最近用户电能表为抽样点，并在该区域末端随机抽样 1 个电能表用来校验本最小停电单元的停电事件；若该最小停电单元内是三相支路、三相计量箱，且三相计量箱的接入用户全部为同一相，则抽样规则与 2）一致；若该最小停电单元内有多相位用户接入，需设定 3 个不同相位的用户智能表作为抽样点，若三个相位都停电，则该区域停电；若部分停电，则该区域分相停电。

c） 数据校验：对于最小停电单元两个抽样点运行状态不一致，疑似停电误报或拓扑异常，进行核实排查；对于抽样点时间偏差大于 5 分钟情况，疑似停电误报或拓扑异常，进行核实排查。

附录 3　城市低压用户供电可靠性评价规程
第 2 部分：分组方法
（征求意见稿）

Reliability Evaluation Code for Low Voltage Customer
Part 2：Methods of Grouping

1　范围

本文件规定了城市低压用户供电可靠性评价规程的术语和定义、差异化分组方法等。

本文件适用于地级市及以上城市所辖范围内配电网全部低压用户的供电可靠性的对标分组。对于其他行政等级城市、城市内部划分的城区、镇区、乡村等其他类型地区的低压用户供电可靠性对标评价，可参照本文件分组方法。

2　规范性引用文件

下列文件下列文件中的内容通过文中的规范性引用而构成本文件必不可少的条款。其中，注日期的引用文件，仅该日期对应的版本适用于本文件；不注日期的引用文件，其最新版本（包括所有的修改单）适用于本文件。

T/SMA ****－2024　城市低压用户供电可靠性评价规程　第 1 部分：通用要求

3　术语和定义

下列术语和定义适用于本文件

3.1

等效用户数　number of equivalent customers

在评价统计期间，用户的实际户数按注册时间占评价统计总时间比例的折算值，如式（1）所示。

$$n = \frac{\sum\limits_j PCT_j}{PT \times 10^4} \tag{1}$$

n ——城市全口径等效用户数，单位为万户；

PCT_i ——评价统计期间该城市内第 j 个用户的实际在册时间，单位为小时（h）；

PT ——评价统计期间总时间，单位为小时（h）。

3.2

等效用户密度　**equivalent customer density**

城市全口径统计单位面积上等效用户数量，式（2）所示。

$$d_i = \frac{n_i}{S_i} \tag{2}$$

d_i ——城市等效用户密度，单位为万户/km²；

n_i ——城市全口径等效用户数，单位为万户；

S_i ——城市全口径面积，单位为 km²。

3.3

城市分组综合指数　**composite index of grouping city**

反映城市供电区域内客户用能密度、社会经济发展及城市运行保障需求的综合指数。

4　差异化分组方法

4.1　分组方法概述

城市低压用户供电可靠性评价的城市分组方式是一种基于城市辖区内配电网低压用户可靠性综合需求指数的分组方式。该分组方式体现可靠性评价的公平性与公正性，反映城市供电区域内客户用能、社会经济发展及城市运行保障需求。

差异化分组方法指采用分组综合指数对参与对标城市赋分并分组的分组方法。分组综合指数将等效用户密度、辖区人均国内生产总值、城市重要性纳入计算。

4.2   城市人均国内生产总值

城市人均国内生产总值，记作 gi，单位为万元/人，数值该地区政府统计部门发布信息为准。

4.3   城市重要性数值

根据城市分组，赋分规则见表1、表2。

表 1   城市行政等级赋值

城市类型	行政等级赋值 P_i
直辖市	0.5
副省级城市	0.4
一般省会城市	0.3
注：城市行政等级依据《中华人民共和国行政区划简册》及各省、自治区、直辖市年度统计年鉴。	

表 2   城市规模赋值

城市类型	行政等级赋值 C_i
超大城市	0.5
特大城市	0.4
Ⅰ型、Ⅱ型大城市	0.3
中等城市	0.2
Ⅰ型、Ⅱ型小城市	0.1
注 1：城市规模划分标准依据《国务院关于调整城市规模划分标准的通知》，人口数据依据各城市发布统计年鉴，表中所表述地级市不包含省会城市。 注 2：地级市以下城市可根据现实城市发展情况及定位进行赋分和修正。	

将城市的重要性数值记作 I_i，按公式（3）计算：

$$I_i = P_i + C_i \qquad (3)$$

4.4   指标标准化

4.4.1   城市的等效用户密度指标规格化，按公式（4）计算：

$$D_i = \frac{d_i - d_{\min}}{d_{\max} - d_{\min}} \qquad (4)$$

式中：

D_i ——城市标准化等效用户密度；

d_{max}——所有参评城市中等效用户密度的最大值，单位为万户/km²；

d_{min}——所有参评城市中等效用户密度的最小值，单位为万户/km²。

4.4.2 城市人均国内生产总值指标规格化，按公式（5）计算：

$$G_i = \frac{g_i - g_{min}}{g_{max} - g_{min}} \tag{5}$$

式中：

G_i ——城市标准化人均国内生产总值；

g_{max}——参评城市中辖区人均国内生产总值的最大值，单位为万元/人；

g_{min}——参评城市中辖区人均国内生产总值的最小值，单位为万元/人。

4.5 分组综合指数

城市分组综合指数，按公式（6）计算：

$$Y_i = k_1 D_i + k_2 G_i + k_3 I_i \tag{6}$$

式中：

Y_i——分组综合指数；

k_1——等效用户密度权重系数；

k_2——经济发展权重系数；

k_3——城市重要性权重系数。

k_1、k_2、k_3 取值见表 3。

表 3 城市分组综合指数计算系数值

参数	参数名称	城市分组系数值
k_1	等效用户密度权重系数	0.5
k_2	经济发展权重系数	0.2
k_3	城市重要性系数	0.3
注：该系数数值依据现有情况制定，可根据城市发展进行修正。		

4.6 参评城市分组

根据参评城市分组综合指数从大到小排列，将参评城市均分为 A、B、C、D、E 五组。

针对参评城市无法均分为五组的，分组方式可参见附录。

附 录 A

（资料性）

城市低压用户供电可靠性评价城市分组方法示例

现有 A 市、B 市、C 市、D 市、E 市、F 市、G 市、H 市、J 市、K 市、L 市、M 市、N 市、P 市、Q 市、R 市、S 市、T 市、U 市、V 市、W 市、X 市、Y 市、Z 市等 24 个城市参与某年度城市低压用户供电可靠性评价，根据本文件分组方式进行对标评价分组。

各城市主要数据信息来源为各地方政府某年度统计年鉴、中电联某年度报告，示例内容见表 A.1。

表 A.1　参评城市数据信息表

城市	等效用户密度 万户	城市面积 km²	人均 GDP 万元	城市性质
A 市	533.62	16850	14.84	副省级城市（超大城市）
B 市	438.54	7434	15.44	副省级城市（超大城市）
C 市	181.23	27797	4.13	地级市（Ⅱ型大城市）
D 市	185.06	17271	8.93	一般省会城市（Ⅱ型大城市）
E 市	107.6	13271	7.56	一般省会城市（Ⅱ型大城市）
F 市	291.36	7372	10.09	一般省会城市（Ⅰ型大城市）
G 市	128.92	7460	5.14	地级市（Ⅱ型大城市）
H 市	157.49	11244	11.41	地级市（Ⅱ型大城市）
J 市	180.27	2065	4.67	地级市（Ⅱ型大城市）
K 市	1089.41	6340	15.71	直辖市（超大城市）
L 市	719.61	2050	20.03	副省级城市（超大城市）
M 市	506.12	12942	7.78	副省级城市（特大城市）
N 市	236.84	15722	5.67	一般省会城市（Ⅰ型大城市）
P 市	647.32	6270	17.92	地级市（特大城市）
Q 市	155.47	13206	8.68	地级市（Ⅱ型大城市）
R 市	591.45	11966	9.03	直辖市（超大城市）
S 市	208.65	3381	9.61	地级市（Ⅱ型大城市）

表 A.1（续）

城市	等效用户密度 万户	城市面积 km²	人均 GDP 万元	城市性质
T 市	597.13	8483	14.64	副省级城市（超大城市）
U 市	91.27	7472	5.61	一般省会城市（Ⅱ型大城市）
V 市	140.82	13748	10.73	地级市（Ⅱ型大城市）
W 市	84.56	43300	3.48	地级市（中等城市）
X 市	542.13	7507	10.93	一般省会城市（特大城市）
Y 市	120.75	18677	7.75	地级市（Ⅱ型大城市）
Z 市	102.78	1653	17.55	地级市（Ⅱ型大城市）

以 A 市为例，等效用户密度计算如下：

$$d_A = \frac{533.62}{16850} = 0.032 \text{ 万户/km}^2 \tag{A.1}$$

计算可得到，24 个城市中，等效用户密度最大值为 0.351 万户/km²（L 市），最小值为 0.002 万户/km²（W 市）。

标准化等效用户密度：

$$D_A = \frac{0.032 - 0.002}{0.351 - 0.002} = 0.085 \tag{A.2}$$

标准化人均国民生产总值：

$$G_A = \frac{14.84 - 3.48}{20.03 - 3.48} = 0.686 \tag{A.3}$$

城市综合分组指数：

$$Y_A = 0.5 \times 0.085 + 0.2 \times 0.686 + 0.3 \times 0.8 = 0.420 \tag{A.4}$$

根据相同计算方式，得到 24 个参评城市综合分组指数见表 A.2。

表 A.2　城市各项分组指标计算结果

序号	标准化等效用户密度	标准化人均国民生产总值	城市重要性数值	城市综合分组指数
A 市	0.085	0.686	0.8	0.420
B 市	0.163	0.723	0.8	0.466
C 市	0.013	0.039	0.2	0.104
D 市	0.025	0.329	0.5	0.258

表A.2（续）

序号	标准化等效用户密度	标准化人均国民生产总值	城市重要性数值	城市综合分组指数
E 市	0.018	0.247	0.5	0.238
F 市	0.108	0.399	0.5	0.314
G 市	0.044	0.100	0.2	0.132
H 市	0.034	0.479	0.2	0.203
J 市	0.244	0.072	0.2	0.227
K 市	0.487	0.739	1.0	0.691
L 市	1.000	1.000	0.8	0.970
M 市	0.106	0.260	0.8	0.345
N 市	0.037	0.132	0.5	0.225
P 市	0.290	0.873	0.3	0.440
Q 市	0.028	0.314	0.2	0.167
R 市	0.136	0.335	1.0	0.435
S 市	0.171	0.370	0.2	0.250
T 市	0.196	0.674	0.8	0.503
U 市	0.029	0.129	0.5	0.220
V 市	0.024	0.438	0.2	0.189
W 市	0.000	0.000	0.1	0.060
X 市	0.201	0.450	0.5	0.401
Y 市	0.013	0.258	0.2	0.148
Z 市	0.172	0.850	0.2	0.316

根据表 A.2 中城市综合分组指数一栏，从大到小将城市排序，并均分为 A、B、C、D、E 五组（E 组为 4 个城市），分组结果见表 A.3。

表A.3　参评 24 个城市分组情况

组别	城市
A	L 市、K 市、T 市、B 市、P 市
B	R 市、A 市、X 市、Z 市、M 市
C	F 市、D 市、S 市、E 市、J 市
D	N 市、U 市、H 市、V 市、Q 市
E	Y 市、G 市、C 市、W 市

附录 4　城市低压用户供电可靠性评价规程
第 3 部分：评价对标
（征求意见稿）

Reliability Evaluation Code for Low Voltage Customer
Part 3：Evaluation and Benchmarking

1　范围

本文件规定了城市低压用户供电可靠性评价对标的术语和定义、评价流程、评价对标方法和统计评价要求等。

本文件适用于地级市及以上城市所辖范围内配电网全部低压用户的供电可靠性统计评价。对于其他行政等级城市、城市内部划分的城区、镇区、乡村等其他类型地区的低压用户供电可靠性统计评价，可参照本文件分组方法。

2　规范性引用文件

下列文件下列文件中的内容通过文中的规范性引用而构成本文件必不可少的条款。其中，注日期的引用文件，仅该日期对应的版本适用于本文件；不注日期的引用文件，其最新版本（包括所有的修改单）适用于本文件。

T/SMA ××××　城市低压用户供电可靠性评价规程　第 1 部分：通用要求

GB/T 43794　用户供电可靠性评价指导导则

DL/T 836.1　供电系统供电可靠性评价规程　第 1 部分：通用要求

DL/T 836.3　供电系统供电可靠性评价规程　第 3 部分：低压用户

3　术语和定义

下列术语和定义适用于本文件

3.1

供电可靠性指标标杆值　benchmark of reliability code

用于衡量评价对象供电可靠性的比较基准。

3.2

对标　benchmarking

以低压供电可靠性涉及的指标标杆值与城市现有供电可靠性水平对照，查找区别、加以比较，确认达到或优于标杆值的过程。

4　评价流程

开展城市低压用户供电可靠性评价遵循以下步骤：确定评价城市，收集供电可靠性数据，对评价对象进行分组，计算每组的评价指标标杆，根据标杆值对目标城市供电可靠性水平进行评价，根据评价结果给出提升建议（见图1）。

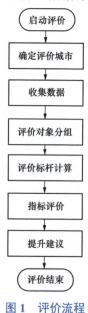

图 1　评价流程

5　评价对标方法

5.1　城市低压用户供电可靠性评价指标

城市低压用户供电可靠性评价指标应包含系统平均停电时间、系统平均停电频率、平均供电可靠率等供电可靠性主要指标。同时可选择平均停电用户数、平均停电持续时间等参考指标。

主要评价指标及参考评价指标选取及计算方式按照 T/SMA ××××《城市低压用户供电可靠性评价规程　第1部分：通用要求》中第6章规定。

5.2　可靠性评价方法

针对同一组别的城市，选取低压用户供电可靠性评价指标，计算指标的最优值和中位值，并作为该组评价标杆公布。通过与同一组别内最优质和中位值进行比较，评价城市供电能力、供电可靠性综合管理水平、城市停电施工的合理性、供电系统健康水平和故障发生率等。

5.3　城市低压用户供电可靠性目标管理

参与评价的城市可依据自身城市定位，以组内最优和中位值为标杆，合理制定保障低压用户供电可靠性的管理目标。同时，根据城市发展实际情况，应及时更新城市所在组别，修订可靠性管理目标。

6　统计评价要求

6.1　一般要求

低压用户数在实现实时更新之前应于每年第一季度更新一次。

城市低压用户停电事件统计包括因高、中、低压电网或设施停电造成的低压用户停电事件。

6.2　特殊要求

6.2.1

低压用户申请（包括计划和临时申请）停电检修等原因而影响其他低压用户停电，不属外部原因，在统计停电低压用户数时，除申请停电的低压用户不计外，对受其影响的其他低压用户应按用户申请停电进行统计。

6.2.2

有低压用户自行运行、维护、管理的供电设施故障引起其他低压用户停电时，属内部故障停电，在统计低压停电用户数时，不应计该故障用户。

6.2.3

停电事件的起始时间和终止时间应采用时钟正确的装置记录的停送电时

间。若无法明确准确停送电时间的，停电起始时间可采用设备操作或故障跳闸时间，若无准确故障跳闸时间的，可采用用户最早报障时间。停电事件的终止时间采用供电企业与用户设备产权分界点带电时间。

6.2.4

因用户拖欠电费、存在违法用电等行为，或按政府部门要求配合执法，以及为避免人身、财产损失，供电企业依法依规进行的停电可以不作统计。但基础数据仍参与计算。

6.2.5

以下用户在一段时期内不带负荷时，可以不计为停电状态：① 农闲期间将开关拉开作为备用的停用用户，如农用抽水泵、农用脱粒机等；② 非汛期泵站变压器，包括唧站、机口站、抽水变等；③ 因节假日、市场不景气等原因停产停用的用户；④ 非运行时段路灯变、包括景观灯等；⑤ 因政府要求或紧急避险需要，如道路积水防止人员触电、火灾等。

6.2.6

低压用户申请（包括计划和临时申请）停电检修等原因而影响其他低压用户停电，不属外部原因，在统计停电低压用户数时，除申请停电的低压用户不计外，对受其影响的其他低压用户应按用户申请停电进行统计。

6.2.7

有低压用户自行运行、维护、管理的供电设施故障引起其他低压用户停电时，属内部故障停电，在统计低压停电用户数时，不应计该故障用户。

6.2.8

用户报停后，视为退出系统，停后的基础数据和运行数据不参与计算。

附　录　A

（资料性）

城市低压用户供电可靠性评价示例

以 T/SMA ××××–2024.2 中 24 个城市为例开展城市低压用户供电可靠性评价，各城市示例分组情况见表 A.1。

表 A.1　分组情况

组别	城市
A	L 市、K 市、T 市、B 市、R 市
B	A 市、P 市、M 市、X 市、Z 市
C	F 市、D 市、S 市、E 市、J 市
D	N 市、U 市、H 市、V 市、Q 市
E	Y 市、G 市、C 市、W 市

根据评价流程，对各组城市按照附录 B 进行数据收集。各城市系统平均停电时间数据、系统平均停电评率如表 A.2、表 A.3。

表 A.2　各组城市系统平均停电时间数据

组别	城市系统平均停电时间 小时（h）				
A 组	L 市	K 市	T 市	B 市	R 市
	0.85	0.78	3.53	1.57	3.96
B 组	A 市	P 市	M 市	X 市	Z 市
	5.58	2.39	6.57	6.89	14.26
C 组	F 市	D 市	S 市	E 市	J 市
	7.28	10.90	7.27	7.48	8.71
D 组	N 市	U 市	H 市	V 市	Q 市
	9.36	11.01	10.93	9.10	12.17
E 组	Y 市	G 市	C 市	W 市	/
	9.56	10.21	14.26	15.71	/

表 A.3　各组城市系统平均停电时间数据

组别	城市系统平均停电评率 次/（户·年）				
A 组	L 市	K 市	T 市	B 市	R 市
	2.24	2.87	4.59	3.41	5.62
B 组	A 市	P 市	M 市	X 市	Z 市
	3.52	4.13	3.95	5.75	4.64
C 组	F 市	D 市	S 市	E 市	J 市
	3.97	4.32	5.98	6.01	4.78
D 组	N 市	U 市	H 市	V 市	Q 市
	5.22	4.95	5.64	6.32	6.87
E 组	Y 市	G 市	C 市	W 市	/
	6.76	7.53	5.74	8.43	/

按照本文件 5.2 条对标评价方法，得到各组评价标杆值见表 A.4、表 A.5。

表 A.4　各组城市系统平均停电时间标杆

组别	最优值	中位值
A 组	0.78	1.57
B 组	2.39	6.57
C 组	7.27	7.48
D 组	9.10	10.93
E 组	9.56	12.24

表 A.5　各组城市系统平均停电频率标杆

组别	最优值	中位值
A 组	2.24	3.31
B 组	3.52	4.13
C 组	3.97	4.78
D 组	4.95	5.64
E 组	5.74	7.15

针对单一组别，组内各城市供电可靠性指标与标杆值进行比较，可得到其

评价结果。以上述 A 组 K 市为例，其系统平均停电时间为最优值，反映其整体供电能力与供电可靠性管理水平优于同组别城市水平。但系统平均停电频率小于同组别城市中位值，大于最优值，反映其预安排与故障停电频次需进一步优化，可结合其他参考指标，从计划安排合理性、设备健康水平、故障发生率等方面等开展分析，为进一步指标提升提供参考。

附 录 B

（资料性）

城市低压用户供电可靠性统计表

城市低压用户供电可靠性统计表如表 B.1～表 B.5 所示。

表 B.1 低压用户可靠性运行情况统计表

系统名称：　　　　　　　　　统计期限：　　　年 月 日至　 年 月 日

填报单位：

事件序号	停电事件部门	停电分类	中压停电事件序号	停电性质	同时停电部门个数	停电时间			停电情况					停电事件编码	停电原因、设备状况详细说明
						起始	终止	持续时间	用户数	总容量 kVA	时户数	缺供电量 kWh	停电低压线路数		
						月日时分	月日时分								

注：停电分类：（1）10kV 及以上电网、设施停电（2）低压电网、设施停电

主管：　　　　　　审核：　　　　　　制表：　　　　　　填报日期：　 年 月 日

表 B.2 供电系统按停电原因（停电设备、责任原因、技术原因）分类统计表

系统名称：　　　　　　　　　统计期限：　　　年 月 日至　 年 月 日

填报单位：

编码	停电原因	故障停电类								预安排停电类							
		次数	户数	停电时间 h	时户数	缺供电量 kWh	停电容量 kVA	系统平均停电时间 *SAIDI*	对 *ASAI* 的影响	次数	户数	停电时间 h	时户数	缺供电量 kWh	停电容量 kVA	系统平均停电时间 *SAIDI*	对 *ASAI* 的影响

主管：　　　　　　审核：　　　　　　制表：　　　　　　填报日期：　 年 月 日

表 B.3　低压用户供电系统基本情况汇总表

系统名称：　　　　　　　　　　统计期限：　　　　年 月 日至　　年 月 日

填报单位：

单位编码	单位名称	线路长度 km						用户情况					
		电缆		架空		合计		0.4kV 用户		0.23 kV 用户		总计	
		0.4kV	0.23kV	0.4kV	0.23kV	0.4kV	0.23kV	用户数	容量 kVA	用户数	容量 kVA	用户数	容量 kVA

主管：　　　　　　审核：　　　　　　制表：　　　　　　填报日期：　　年 月 日

表 B.4　低压用户供电可靠性主要指标汇总表

系统名称：　　　　　　　　　　统计期限：　　　　年 月 日至　　年 月 日

填报单位：

序号	单位	平均供电可靠率 ASAI %	系统平均停电时间 SAIDI h/户	系统平均停电频率 SAIFI 次/户	平均系统等效停电频率 ASIFI 次	平均系统等效停电时间 ASIDI h	系统基本数据				
							低压架空线路长度 km	低压电缆线路长度 km	低压线路条数 条	低压用户总数 户	系统容量 kVA

主管：　　　　　　审核：　　　　　　制表：　　　　　　填报日期：　　年 月 日

表 B.5　低压用户供电可靠性参考指标汇总表

系统名称：　　　　　　　　　　统计期限：　　　　年 月 日至　　年 月 日

填报单位：

序号	单位	系统平均预安排停电时间 SAIDI$_{-S}$ h/户	系统平均故障停电时间 SAIDI$_{-F}$ h/户	系统平均预安排停电频率 SAIFI$_{-S}$ 次/户	系统平均故障停电频率 SAIFI$_{-F}$ 次/户	预安排停电平均持续时间 MID$_{-S}$ h/次	故障停电平均持续时间 MID$_{-F}$ h/次	停电用户平均停电频率 CAIFI 次/户

序号	单位	预安排平均停电用户数 MIC$_{-S}$ h/次	故障平均停电用户数 MIC$_{-F}$ h/次	用户平均停电时间 CAIDI h/户	停电用户平均每次停电时间 CTAIDI h/次	长时间停电用户的比率 CELID$_{-t}$ %	单次长时间停电用户的比率 CELID$_{-s}$ %	多次停电用户的比率 CEMSMI$_n$ %

主管：　　　　　　审核：　　　　　　制表：　　　　　　填报日期：　　年 月 日